高职高专"十二五"规划教材

湿法冶金生产实训

陈利生　余宇楠　徐　征　李柏村　编

北　京

冶金工业出版社

2023

内 容 提 要

　　书中按照湿法冶金生产实训工作过程要求，逐一分别介绍流体输送操作实训、过滤操作实训、萃取操作实训、间歇反应釜操作实训、铜电解精炼实训、铅电解精炼实训、湿法炼锌操作实训、氧化铝制取操作实训；在内容的组织安排上力求校内实训（实训1~4）与校外顶岗实习（实训5~8）相衔接，切合高职学生动手能力培养和冶金实际生产的实际需要，突出行业的特点。

　　本书可作为高职高专冶金技术专业学生的教学用书，也可作为相关冶金企业的工人技术培训教材，还可供相关工程技术人员和生产管理人员参考。

图书在版编目（CIP）数据

　　湿法冶金生产实训/陈利生等编. —北京：冶金工业出版社，2014.8
（2023.8 重印）
　　高职高专"十二五"规划教材
　　ISBN 978-7-5024-6653-4

　　Ⅰ.①湿…　Ⅱ.①陈…　Ⅲ.①湿法冶金—高等职业教育—教材
Ⅳ.①TF111.3

　　中国版本图书馆 CIP 数据核字（2014）第 175602 号

湿法冶金生产实训

出版发行	冶金工业出版社	电　话	（010）64027926
地　　址	北京市东城区嵩祝院北巷 39 号	邮　编	100009
网　　址	www.mip1953.com	电子信箱	service@mip1953.com

责任编辑　郭冬艳　宋　良　美术编辑　彭子赫　版式设计　葛新霞
责任校对　郑　娟　责任印制　禹　蕊
北京虎彩文化传播有限公司印刷
2014 年 8 月第 1 版，2023 年 8 月第 4 次印刷
787mm×1092mm　1/16；8.75 印张；210 千字；128 页
定价 25.00 元

投稿电话　（010）64027932　投稿信箱　tougao@cnmip.com.cn
营销中心电话　（010）64044283
冶金工业出版社天猫旗舰店　yjgycbs.tmall.com
（本书如有印装质量问题，本社营销中心负责退换）

序

　　昆明冶金高等专科学校冶金技术专业是国家示范性高职院校建设项目，中央财政重点建设专业。在示范建设工作中，我们围绕专业课程体系的建设目标，根据火法冶金、湿法冶金技术领域和各类冶炼工职业岗位（群）的任职要求，参照国家职业标准，对原有课程体系和教学内容进行了大力改革。以突出职业能力和工学结合特色为核心，与企业共同开发出了紧密结合生产实际的工学结合特色教材。我们希望这些教材的出版发行，对探索我国冶金高等职业教育改革的成功之路，对冶金高技能人才的培养，起到积极的推动作用。

　　高等职业教育的改革之路任重道远，我们希望能够得到读者的大力支持和帮助。请把您的宝贵意见及时反馈给我们，我们将不胜感激！

昆明冶金高等专科学校

前　言

　　本书是按照昆明冶金高等专科学校"四双"（"双定生、双领域、双平台、双证书"）冶金高技能人才培养模式要求，结合湿法冶金技术最新进展和高职冶金教育特点，力求体现工作过程系统化的课程开发理念，参照行业职业技能标准和职业技能鉴定规范，根据企业的生产实际和岗位群的技能要求编写的。

　　本书以培养具有较高专业素质和较强职业技能，适应企业生产及管理一线需要的"下得去，留得住，用得上，上手快"冶金高技能人才为目标，贯彻理论与实际相结合的原则，力求体现职业教育的针对性强、理论知识的实践性强、培养应用型人才的特点。

　　书中按照湿法冶金生产实训工作过程要求，逐一分别介绍流体输送操作实训、过滤操作实训、萃取操作实训、间歇反应釜操作实训、铜电解精炼实训、铅电解精炼实训、湿法炼锌操作实训、氧化铝制取操作实训共8个实训；在内容的组织安排上力求校内实训（实训1~4）与校外顶岗实习（实训5~8）相衔接，切合高职学生动手能力培养和冶金实际生产的实际需要，突出行业的特点。

　　本书由昆明冶金高等专科学校陈利生、余宇楠、徐征、李柏村编写。

　　由于编者水平所限，书中不妥之处在所难免，敬请广大读者批评指正。

编　者
2014 年 5 月

目　录

1　流体输送操作实训 …………………………………………………………………… 1

1.1　实训目的及任务 ……………………………………………………………… 1

1.2　实训原理 ……………………………………………………………………… 1

1.3　实训设备及流程 ……………………………………………………………… 1

　1.3.1　实训装置 …………………………………………………………………… 1

　1.3.2　实训设备 …………………………………………………………………… 3

　1.3.3　实训流程 …………………………………………………………………… 5

1.4　实训步骤 ……………………………………………………………………… 5

　1.4.1　开车前准备 ………………………………………………………………… 5

　1.4.2　开车 ………………………………………………………………………… 8

　1.4.3　停车操作 …………………………………………………………………… 9

　1.4.4　紧急停车 …………………………………………………………………… 10

　1.4.5　异常现象及处理 …………………………………………………………… 10

　1.4.6　正常操作中的故障扰动（故障设置实训）………………………………… 11

1.5　实训注意事项 ………………………………………………………………… 11

1.6　实训报告要求 ………………………………………………………………… 11

2　过滤操作实训 ……………………………………………………………………… 13

2.1　实训目的及任务 ……………………………………………………………… 13

2.2　实训原理 ……………………………………………………………………… 13

2.3　实训设备及流程 ……………………………………………………………… 14

　2.3.1　实训装置 …………………………………………………………………… 14

　2.3.2　实训设备 …………………………………………………………………… 15

　2.3.3　实训流程 …………………………………………………………………… 15

2.4　实训步骤 ……………………………………………………………………… 15

　2.4.1　开车前准备 ………………………………………………………………… 17

　2.4.2　开车 ………………………………………………………………………… 18

　2.4.3　停车 ………………………………………………………………………… 18

　2.4.4　异常现象及处理 …………………………………………………………… 19

　2.4.5　正常操作注意事项 ………………………………………………………… 19

2.4.6　设备维护及检修 ……………………………………………… 19

2.5　实训注意事项 ………………………………………………………… 19

2.6　实训报告要求 ………………………………………………………… 19

3　萃取操作实训 ……………………………………………………………… 21

3.1　实训目的及任务 ……………………………………………………… 21

3.2　实训原理 ……………………………………………………………… 21

3.3　实训设备及流程 ……………………………………………………… 21

3.3.1　实训装置 ……………………………………………………… 21

3.3.2　实训装备 ……………………………………………………… 23

3.3.3　实训流程 ……………………………………………………… 24

3.4　实训步骤 ……………………………………………………………… 24

3.4.1　开车前准备 …………………………………………………… 26

3.4.2　开车 …………………………………………………………… 27

3.4.3　停车操作 ……………………………………………………… 28

3.4.4　正常操作注意事项 …………………………………………… 28

3.4.5　设备维护及检修 ……………………………………………… 28

3.4.6　异常现象及处理 ……………………………………………… 29

3.4.7　正常操作中的故障扰动（故障设置实训） ………………… 29

3.5　实训报告要求 ………………………………………………………… 29

4　间歇反应釜操作实训 ……………………………………………………… 31

4.1　实训目的及任务 ……………………………………………………… 31

4.2　实训原理 ……………………………………………………………… 31

4.3　实训设备及流程 ……………………………………………………… 31

4.3.1　实训装置 ……………………………………………………… 31

4.3.2　实训装备 ……………………………………………………… 33

4.3.3　工艺流程 ……………………………………………………… 34

4.4　实训步骤 ……………………………………………………………… 34

4.4.1　开车前准备 …………………………………………………… 37

4.4.2　开车 …………………………………………………………… 37

4.4.3　停车操作 ……………………………………………………… 38

4.4.4　正常操作注意事项 …………………………………………… 38

4.4.5　设备维护及检修 ……………………………………………… 38

4.4.6　异常现象及处理 ……………………………………………… 38

4.4.7　正常操作中的故障扰动（故障设置实训） ………………… 38

4.5　实训报告要求 ………………………………………………………… 39

5　铜电解精炼实训 ……………………………………………………… 41

　5.1　实训目的与任务 ………………………………………………… 41

　5.2　实训原理 ………………………………………………………… 41

　5.3　实训设备及流程 ………………………………………………… 42

　　5.3.1　实训设备 ……………………………………………………… 42

　　5.3.2　实训流程 ……………………………………………………… 43

　5.4　实训步骤 ………………………………………………………… 43

　　5.4.1　极板加工及制作 ……………………………………………… 43

　　5.4.2　出装槽 ………………………………………………………… 44

　　5.4.3　电解液循环操作 ……………………………………………… 45

　　5.4.4　槽面操作 ……………………………………………………… 46

　　5.4.5　电解液的成分及温度调整 …………………………………… 46

　　5.4.6　电解液净化 …………………………………………………… 48

　5.5　故障与处理 ……………………………………………………… 49

　　5.5.1　短路、断路、漏电检查 ……………………………………… 49

　　5.5.2　阴极析出物成海绵铜状 ……………………………………… 49

　　5.5.3　阴极铜两边厚薄不均 ………………………………………… 49

　　5.5.4　电解过程中的短路（烧板） ………………………………… 49

　　5.5.5　阴极铜板面出现麻孔 ………………………………………… 50

　　5.5.6　阴极断耳 ……………………………………………………… 50

　　5.5.7　注意事项 ……………………………………………………… 50

　5.6　实训报告要求 …………………………………………………… 50

6　铅电解精炼实训 ……………………………………………………… 51

　6.1　实训目的与任务 ………………………………………………… 51

　6.2　实训原理 ………………………………………………………… 51

　6.3　实训设备及流程 ………………………………………………… 52

　　6.3.1　实训设备 ……………………………………………………… 52

　　6.3.2　实训流程 ……………………………………………………… 54

　6.4　实训步骤 ………………………………………………………… 55

　　6.4.1　阳极制作及加工 ……………………………………………… 55

　　6.4.2　阴极制备 ……………………………………………………… 55

　　6.4.3　出装槽 ………………………………………………………… 56

　　6.4.4　电解液循环操作 ……………………………………………… 56

　6.5　故障判断与处理 ………………………………………………… 57

　　6.5.1　判断并处理异常结晶 ………………………………………… 57

6.5.2　电解液分层 ……………………………………………………… 57

6.5.3　电解过程阳极掉极和掉泥 ……………………………………… 58

6.5.4　电解过程中的短路和烧板 ……………………………………… 58

6.6　实训注意事项 …………………………………………………………… 59

6.7　实训报告要求 …………………………………………………………… 59

7　湿法炼锌操作实训 ……………………………………………………… 60

7.1　实训目的与任务 ………………………………………………………… 60

7.2　实训原理 ………………………………………………………………… 60

7.2.1　浸出 ………………………………………………………………… 61

7.2.2　净化 ………………………………………………………………… 64

7.2.3　电解沉积 …………………………………………………………… 65

7.3　实训内容与步骤 ………………………………………………………… 67

7.3.1　浸出操作实践 ……………………………………………………… 67

7.3.2　净化操作实践 ……………………………………………………… 73

7.3.3　锌电解沉积操作实践 ……………………………………………… 78

7.4　故障及处理 ……………………………………………………………… 87

7.4.1　阴极锌含铜质量波动及处理 ……………………………………… 87

7.4.2　阴极锌含铅质量波动及处理 ……………………………………… 87

7.4.3　个别槽烧板及处理 ………………………………………………… 87

7.4.4　普遍烧板及处理 …………………………………………………… 88

7.4.5　电解槽突然停电及处理 …………………………………………… 88

7.4.6　电解液停止循环及处理 …………………………………………… 88

7.5　实训必要说明 …………………………………………………………… 88

7.6　实训报告及要求 ………………………………………………………… 88

8　氧化铝制取操作实训 …………………………………………………… 89

8.1　实训目的与任务 ………………………………………………………… 89

8.2　实训原理 ………………………………………………………………… 89

8.2.1　原矿浆制备生产简述 ……………………………………………… 89

8.2.2　管道溶出生产简述 ………………………………………………… 90

8.2.3　赤泥洗涤生产简述 ………………………………………………… 90

8.2.4　晶种分解生产简述 ………………………………………………… 90

8.2.5　多效蒸发生产简述 ………………………………………………… 90

8.2.6　排盐苛化生产简述 ………………………………………………… 90

8.2.7　氢氧化铝煅烧生产简述 …………………………………………… 90

8.3　实训内容与步骤 ………………………………………………………… 91

8.3.1　原矿浆制备作业标准 ……………………………………………… 91

8.3.2　管道溶出作业标准 …………………………………………………… 98

8.3.3　赤泥洗涤作业标准 …………………………………………………… 107

8.3.4　晶种分解作业标准 …………………………………………………… 111

8.3.5　蒸发作业标准 ………………………………………………………… 118

8.3.6　排盐苛化作业标准 …………………………………………………… 122

8.3.7　氢氧化铝煅烧作业 …………………………………………………… 124

8.4　实训注意事项 ……………………………………………………………… 126

8.5　实训报告要求 ……………………………………………………………… 127

参考文献 ………………………………………………………………………… 128

1 流体输送操作实训

1.1 实训目的及任务

目的：

（1）按照流体输送实训设备的开机前检查与准备、开机、正常工况巡检、停机及故障处理相关安全规程、设备规程、技术规程的要求，掌握流体输送实训设备开机前检查与准备、开机、停机及故障处理操作技能。

（2）操作过程中能按照实训规程，控制好温度、流量、压力等参数，获得较好的技术经济指标。

（3）能按照要求填写原始记录及设备运行记录。

任务：

（1）能按要求准备好实训所需材料。

（2）能按开机要求进行系统安全检查。

（3）能按开机要求进行系统试运行。

（4）能做好供水、热压缩空气的准备工作。

（5）能按安全技术操作规程、操作规程正确进行开机作业。

（6）能按安全技术操作规程、操作规程正确进行正常工况巡检作业。

（7）能读懂各种仪表显示数据。

（8）能填写各种生产原始记录。

（9）能操作 DCS 对设备参数进行调控。

（10）能填写设备运行记录。

1.2 实训原理

流体指具有流动性的物体，包括液体和气体，冶金生产中所处理的物料大多为流体。这些物料在生产过程中往往需要从一个车间转移到另一个车间，从一个工序转移到另一个工序，从一个设备转移到另一个设备。因此，流体输送是化工生产中最常见的单元操作，做好流体输送工作，对冶金生产过程有着非常重要的意义。为达到此目的，必须对流体加入外功，以克服阻力损失及补充输送流体时所不足的能量。为流体提供能量的机械称为流体输送机械。

1.3 实训设备及流程

1.3.1 实训装置

实训装置连接图见图 1-1，装置立面布置图见图 1-2。本实训采用浙江中控科教仪器设备有限公司生产的装置。

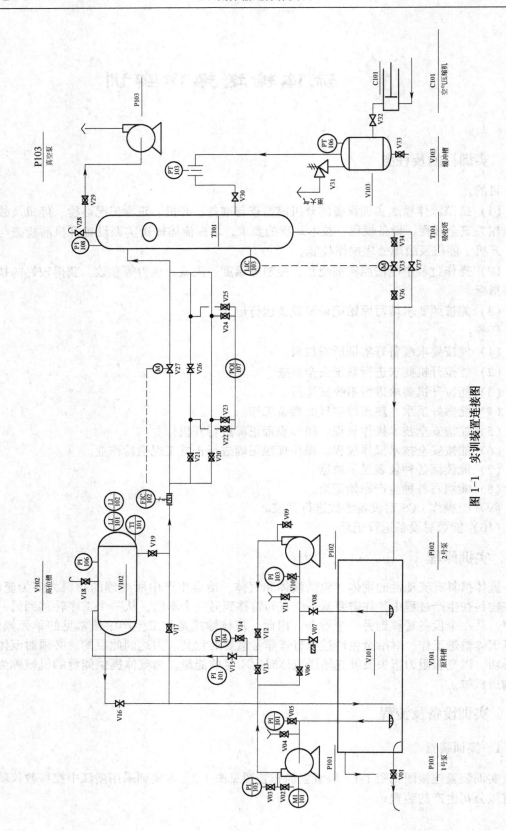

图 1-1 实训装置连接图

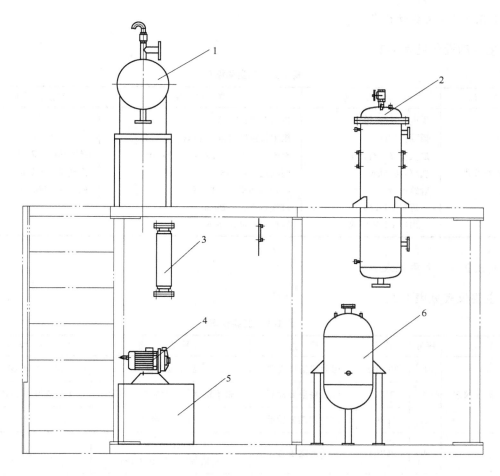

图 1-2 装置立面布置图

1—高位槽；2—吸收塔；3—流量计；4—离心泵；5—原料槽；6—缓冲槽

1.3.2 实训设备

1.3.2.1 主要静设备

主要静设备见表 1-1。

表 1-1 主要静设备

序号	名 称	规 格	容积（估算）	材 质	结构形式
1	吸收塔	φ325mm×1300mm	110L	304 不锈钢	立式
2	高位槽	φ426mm×700mm	100L	304 不锈钢	立式
3	缓冲罐	φ400mm×500mm	60L	304 不锈钢	立式
4	原料水槽	1000mm×600mm×500mm	3000L	304 不锈钢	

1.3.2.2 主要动设备

主要动设备见表1-2。

表1-2 主要动设备

名 称	不锈钢离心泵	真 空 泵	往复空压机
相关参数	供电：三相380V 扬程：14m 最大流量：6m³/h 功率：0.5kW 管路连接： 进口 G1 1/4 出口 G1 内螺纹	供电电源：220V 极限真空度（kPa）：<6×10⁻² 允许最大阻力（kPa）：1.3×10³ 泵油温升：<45 ℃ 电动机功率：0.37 kW 进气口直径：25mm 转速：<1400r/min	额定功率：2.2kW 排气量：0.25m³/min 储气量：96L

1.3.2.3 主要仪表

主要仪表见表1-3。

表1-3 主要仪表

项 目	序号	位 号	用 途	名 称 及 规 格	型 号
一、温度仪表	1	TT-102	吸收塔温度变送	温度变送器	SBWZ-Pt100
	2	TE-102	吸收塔温度检测	带不锈钢保护套管铂热电阻	WZP 270 型 Pt100
	3	TI-103	高位槽温度显示	过程控制器 A	
二、压力仪表	4	PI-101	缓冲罐压力	普通压力表 测量范围：0~0.4MPa	Y-100
	5	PI-102	吸收塔压力	真空压力表 测量范围：-0.1~0.15MPa	YZ-100
	6	PDI-101	吸收塔进水直管阻力	过程控制器 B	C3008
		PDI-102	吸收塔进水局部阻力	过程控制器 B	
	7	PI-104	高位槽压力	真空压力表	YZ-100
	8	PIA-105	1号离心泵进口压力	磁助式电接点压力表 测量范围：-0.1~0.15MPa	YXC-100
	9	PI-106	1号离心泵出口压力	普通压力表 测量范围：0~1.0MPa	Y-100
	10	PI-107	2号离心泵进口压力	过程控制器 B	
	11	PI-108	2号离心泵出口压力	过程控制器 B	
三、液位仪表	12	LICA-101	吸收塔液位控制	过程控制器 A	
		LV-101	吸收塔液位调节	电动调节阀	QSTP-16k、DN40
	13	LIA-102	高位槽液位显示	过程控制器 A	
		（LIA-102）	高位槽液位显示	DCS	

项 目	序号	位 号	用 途	名 称 及 规 格	型 号
四、流量仪表	14	FIC-101	气体流量显示控制	过程控制器 A	C3008
	15	FIC-102	水路流量显示控制	过程控制器 A	C3008
		FI-102	水路流量	电磁流量计	HYD3000-25BIC 1NENT
		FV-102	水路流量调节	电动调节阀	QSTP-16k、DN25
	16	FI-103	高位槽进口流量	玻璃转子流量计	LZB-50
	17	SI-101	离心泵转速显示	过程控制器 B	C3008
	18	WI-101	离心泵功率显示	过程控制器 B	
	19		报警装置	闪光报警器	AI-302M

1.3.3 实训流程

原料槽料液经原料泵（1号离心泵，2号离心泵）及玻璃转子流量计计量后，进入高位槽，通过调节阀控制高位槽处于正常液位。高位槽内料液经阀门调节通过三根平行管（其中一根可测直管阻力、一根可测局部阻力），进入吸收塔上部，与气相充分接触后，从吸收塔底部流出，经调节阀调节吸收塔的液位，并送至产品槽（原料槽）循环使用。

空气由空气压缩机压缩，经过缓冲罐后，从吸收塔下部进入与液体充分接触后，从吸收塔顶部放空。为了加剧混合的程度，在通入压缩空气的同时，可以抽真空，在真空泵作用下，料液从原料水槽抽至吸收塔。

1.4 实训步骤

1.4.1 开车前准备

（1）由相关操作人员组成装置检查小组，对本装置所有设备、管道、阀门、仪表、电气、照明、分析、保温等按工艺流程图要求和专业技术要求进行检查。

（2）检查所有仪表是否处于正常状态。

（3）检查所有设备是否处于正常状态。

（4）试电：

1）检查外部供电系统，确保控制柜上所有开关均处于关闭状态。

2）开启外部供电系统总电源开关。

3）打开控制柜上空气开关 33（QF1）。

4）打开空气开关 10（QF2），打开仪表电源开关 8。查看所有仪表是否上电，指示是否正常。

（5）加装实训用水。关闭原料水槽排水阀（V01），原料水槽加水至浮球阀关闭，关闭自来水。控制面板示意图见图 1-3。控制面板对照表见表 1-4。

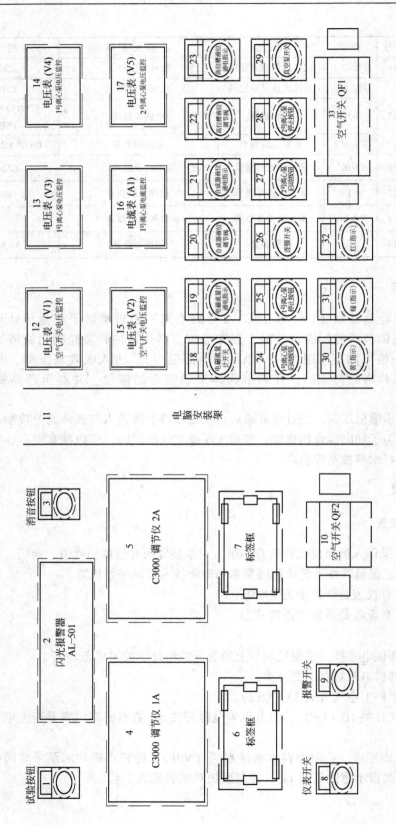

图 1-3 控制面板示意图

表 1-4 控制面板对照表

序号	名 称	功 能
1	试验按钮	试音状态
2	闪光报警器	报警指示
3	消音按钮	消除报警声音
4	C3000 仪表调节仪（1A）	显示操作
5	C3000 仪表调节仪（2A）	显示操作
6	标签框	通道显示表
7	标签框	通道显示表
8	仪表开关（1SA）	仪表电源开关
9	报警开关（2SA）	报警电源开关
10	空气开关（QF2）	仪表总电源开关
11	电脑安装架	安装电脑
12	电压表（V1）	空气开关电压监控
13	电压表（V3）	1 号离心泵电压监控
14	电压表（V4）	1 号离心泵电压监控
15	电压表（V2）	空气开关电压监控
16	电流表（A1）	1 号离心泵电流监控
17	电压表（V5）	2 号离心泵电压监控
18	电磁流量计开关	电磁流量计电源开关
19	通电指示灯	电磁流量计通电指示
20	吸收塔液位调节阀开关	吸收塔液位调节阀电源开关
21	通电指示灯	吸收塔液位调节阀通电指示
22	高位槽液位调节阀开关	高位槽液位调节阀电源开关
23	通电指示灯	高位槽液位调节阀通电指示
24	1 号离心泵启动按钮	1 号离心泵启动电源开关
25	1 号离心泵停止按钮	1 号离心泵停止电源开关
26	连锁开关	
27	2 号离心泵启动按钮	2 号离心泵启动电源开关
28	2 号离心泵停止按钮	2 号离心泵停止电源开关
29	真空泵开关旋钮	真空泵电源开关
30	黄色指示灯	空气开关通电指示
31	绿色指示灯	空气开关通电指示
32	红色指示灯	空气开关通电指示
33	空气开关（QF1）	

1.4.2　开车

1.4.2.1　流体输送

（1）单泵实验（1号泵）：开阀 V13、V16，关阀 V06、V12、V19，启动1号泵，开阀 V15，由阀 V15 调节液体流量分别为2、3、4、5、6、7m³/h（标态）。观察离心泵的进出口压力在压力表的量程范围内，进压：-0.01~-0.05MPa；出压：0~0.15MPa。

（2）泵并联操作：开阀 V08、V15、V16，关阀 V6、V12、V13、V19，启动1号泵并开阀 V13，启动2号泵并开阀 12，由阀 V15 调节液体流量分别为3、4、5、6、7、8、9、10、11、12m³/h（标态），观察离心泵的进、出口压力在压力表的量程范围内，进压：-0.01~-0.05MPa；出压：0~0.15MPa。注意：双泵并联运行时应通过控制泵出口阀调节泵的进口压力。

（3）泵串联操作：关阀 V13、V08、V19，开阀 V12、V15、V16，启动1号泵并开阀 V06，启动2号泵，由阀 V15 调节液体流量分别为2、3、4、5、6、7m³/h（标态），观察离心泵的进出口压力在压力表的量程范围内，进压：-0.01~-0.05MPa；出压：0~0.30MPa。

（4）泵的联锁投运：

1）切除联锁，启动2号泵至正常运行后，投运联锁。

2）设定好2号泵进口压力报警下限值，逐步关小阀门 V07，检查泵运转情况。

3）当2号泵有异常声音产生、进口压力低于下限时，操作台发出报警，同时联锁启动：1号泵自动启动，2号泵自动跳闸停止运转。

4）保证流体输送系统的正常稳定进行。

注：当单泵无法启动时，应检查联锁是否处于投运状态。

1.4.2.2　真空输送

在离心泵处于停车状态下进行。

（1）开阀 V17、V27。

（2）关阀 V16、V19、V20、V21、V34、V37、V30、V28，并在阀 V30 处加盲板（见盲板操作管理）。

（3）启动真空泵 P103，开阀 V29，用阀门 V27 控制流体流量，使流体在吸收塔内均匀淋下。

（4）当吸收塔内液位达到1/3~2/3范围时，关闭调节阀 V35，开阀 V34、V36，并通过调节阀 V35 控制吸收塔内液位稳定。

（5）用阀门 V28 调节吸收塔内真空度，并保持稳定。

1.4.2.3　配比输送

以水和压缩空气作为配比介质，模仿实际的流体介质配比操作。以压缩空气的流量为主流量，以水作为配比流量。

（1）检查阀 V30 处的盲板是否已抽除（见盲板操作管理），阀 V30 是否处于关闭状态。

（2）打开阀 V28，关闭阀 V29。

（3）按上述开泵步骤启动一台水泵，调节 FIC102 流量在 $4m^3/h$（标态）左右，并调节吸收塔液位在 $1/3 \sim 2/3$。

（4）启动空气压缩机，缓慢开启阀 V32，观察缓冲罐压力上升速度，控制缓冲罐压力不大于 0.1MPa。

（5）当缓冲罐压力达到 0.05MPa 以上时，缓慢开启阀 V30，向吸收塔送空气，并调节 FI103 流量在 $8 \sim 10m^3/h$（标态）。

（6）根据配比需求，调节 V19 的开度，观察流量大小。若投自动，1）在 C3000 仪表中设定配比值（1∶2/1∶1/1∶3）；2）进行自动控制。

1.4.2.4 管阻力实验

A 光滑管阻力测定

在上述单泵操作的基础上，开阀 V20、V23、V24，关阀 V16、V18、V27、V21、V22、V25，全开阀 V37。用阀 V15 调节 FIC102 流量分别为 1、1.5、2、2.5、$3m^3/h$（标态），记录光滑管阻力测定数据。

B 局部阻力管阻力测定

由 A 操作状态切换，即：关阀 V20、V23、V24，开阀 V21、V22、V25、V26，用阀 V15 调节 FIC102 流量分别为 1、1.5、2、2.5、$3m^3/h$（标态），记录局部阻力管阻力测定数据。

1.4.2.5 盲板操作管理

在实际化工生产中，因为生产、检修等，需要在一段时间内彻底隔绝部分设备管道的连接，防止因阀门渗漏或误操作，而发生中毒、爆炸等事故，化工企业中经常进行盲板操作。而加强盲板操作管理，对保证化工生产安全、稳定、长周期的运转，杜绝设备、人身伤害（亡）等事故的发生，有着非常重要的现实意义。

（1）对需隔绝设备管口、管道连接处装盲板的部位，提出盲板安装申请，见表 1-5。

（2）盲板安装申请批准后，根据管径、生产中的介质、工作温度和压力等条件，选取合适的材质，制作盲板（按 HB 标准）、标识。

（3）盲板安装的同时，挂好标识、编号，安装人、监护人分别在申请表上签名记录。

（4）使用过程中，要定期检查盲板使用情况。

（5）盲板拆除时，拆除人、监护人、复核检查人分别在申请表上签名记录拆除情况。

（6）要定期进行盲板使用台账登记。

1.4.3 停车操作

（1）按操作步骤分别停止所有运转设备。

（2）打开阀 V16、V18、V19、V27、V20、V21、V28、V37，将高位槽 V102、吸收塔 T101 中的液体排空至原料水槽 V101。

（3）检查各设备、阀门状态，做好记录。

（4）关闭控制柜上各仪表开关。

表 1-5　盲板使用申请表

装置   年　　月　　日

盲板编号		申请人（签名）		日期
盲板安装位置		审核人（签名）		日期
盲板材质		审批人（签名）		日期
管道介质		安装人（签名）		日期
管道管径		监护人（签名）		日期

盲板安装位置示意图：

拆除人（签名）		监护人（签名）		检查人（签名）	
日期		日期		日期	

注：本表一式三份，申请人、批准人、审核人各一份。

（5）切断装置总电源。

（6）清理现场，做好设备、电气、仪表等防护工作。

1.4.4　紧急停车

遇到下列情况之一者，应紧急停车处理：

（1）泵内发出异常的声响。

（2）泵突然发生剧烈振动。

（3）电动机电流超过额定值持续不降。

（4）泵突然不出水。

（5）空压机有异常的声音。

（6）真空泵有异常的声音。

1.4.5　异常现象及处理

异常现象及处理见表 1-6。

表 1-6 异常现象及处理

序号	异常现象	原因分析	处理方法
1	泵启动时不出水	检修后电动机接反电源； 启动前泵内未充满水； 叶轮密封环间隙太大； 入口法兰漏气	重新接电源线； 排净泵内空气； 调整密封环； 消除漏气缺陷
2	泵运行中发生振动	地脚螺丝松动； 原料水槽供水不足； 泵壳内气体未排净或有汽化现象； 轴承盖紧力不够，使轴瓦跳动	紧固地脚螺栓； 补充原料水槽内拧水； 排尽气体，重新启动泵； 调整轴承盖紧力为适度
3	泵运行中有异常声音	叶轮、轴承松动； 轴承损坏或径向紧力过大； 电动机有故障	紧固松动部件； 更新轴承，调整紧力适度； 检修电动机
4	压力表读数过低 （压力表正常）	泵内有空气或漏气严重； 轴封严重磨损； 系统需水量大	排尽泵内空气或堵漏； 更换轴封； 启动备用泵

1.4.6 正常操作中的故障扰动（故障设置实训）

在流体输送正常操作中，由教师给出隐蔽指令，通过不定时改变某些阀门、风机或泵的工作状态来扰动流体输送系统正常的工作状态，分别模拟出流体输送实际生产过程中的常见故障。学生根据各参数的变化情况、设备运行异常现象，分析故障原因，找出故障并动手排除故障，以提高学生对工艺流程的认识度和实际动手能力。

（1）离心泵进口加水加不满：在流体输送正常操作中，教师给出隐蔽指令，改变离心泵的工作状态（离心泵进口管漏水），学生通过观察离心泵启动时的变化情况，分析引起系统异常的原因并做处理，使系统恢复到正常操作状态。

（2）真空输送不成功：在流体输送正常操作中，教师给出隐蔽指令，改变真空输送的工作状态（真空放空，真空保不住），学生通过观察吸收塔内压力（真空度）、液位等参数的变化情况，分析引起系统异常的原因并做处理，使系统恢复到正常操作状态。

（3）吸收塔压力异常：在流体输送正常操作中，教师给出隐蔽指令，改变空压机的工作状态（空压机跳闸），学生通过观察吸收塔液位、压力等参数的变化情况，分析引起系统异常的原因并做处理，使系统恢复到正常操作状态。

1.5 实训注意事项

实训组织和程序：

每班分成 6~8 组，每组 6~8 人，设备开关、DCS 控制、仪表读数及记录、高位槽、吸收塔、原料槽、离心泵操作岗位及指挥组长各一人。

1.6 实训报告要求

（1）简述流体输送实训目的及任务、原理、操作过程。

（2）以小组为单位填写实训记录表（见表 1-7）。

表 1-7　流体输送实训操作报表

年　月　日

序号	时间	高位槽液位 /mm	泵出口流量 /L·h⁻¹	1号泵进口压力/kPa	1号泵出口压力/MPa	2号泵进口压力/kPa	2号泵出口压力/MPa	缓冲罐压力/MPa	压缩空气流量/m³·h⁻¹（标态）	吸收塔压力/MPa	进吸收塔流量/L·h⁻¹	吸收塔液位/mm	光滑管阻力/kPa	局部管阻力/kPa	泵功率/kW	泵转速/r·min⁻¹	操作记事
1																	
2																	
3																	
4																	
5																	
6																	异常情况
7																	
8																	
9																	
10																	

操作学生：

指导教师：

实训日期：

2 过滤操作实训

2.1 实训目的及任务

目的：

（1）按照过滤实训设备的开机前检查与准备、开机、正常工况巡检、停机及故障处理相关安全规程、设备规程、技术规程的要求，掌握过滤实训设备开机前检查与准备、开机、停机及故障处理操作技能。

（2）操作过程中能按照实训规程，控制好压力、流量、温度等参数，获得较好的技术经济指标。

（3）能按照要求填写原始记录及设备运行记录。

任务：

（1）能按要求准备好实训所需材料。

（2）能按开机要求进行系统安全检查。

（3）能按开机要求进行系统试运行。

（4）能做好进料前的准备工作。

（5）能按安全技术操作规程、操作规程正确进行开机作业。

（6）能按安全技术操作规程、操作规程正确进行正常工况巡检作业。

（7）能读懂各种仪表显示数据。

（8）能填写各种生产原始记录。

（9）能操作 DCS 对设备参数进行调控。

（10）能填写设备运行记录。

2.2 实训原理

过滤是以多孔物质为介质来处理悬浮液以达到固、液分离的一种操作过程，即在外力的作用下，悬浮液中的液体通过固体颗粒层（即滤渣层）及多孔介质的孔道而使固体颗粒截留下来形成滤渣层，从而实现固、液分离。过滤是分离悬浮液最普遍、有效的单元操作之一，可获得清洁的液体或固相产品，可使悬浮液分离得更快速、彻底。过滤属于机械操作，与蒸发、干燥等非机械操作相比，其能量消耗较低，因此，在工业中得到广泛的应用。

在冶金生产过程中，过滤过程的主要目的是为了将原料或产品液固两相混合物进行分离，从而实现物料和产品的富集和提纯。

2.3　实训设备及流程

2.3.1　实训装置

实训装置连接图见图 2-1，装置立面布置图见图 2-2。本实训采用浙江中控科教仪器设备有限公司生产的装置。

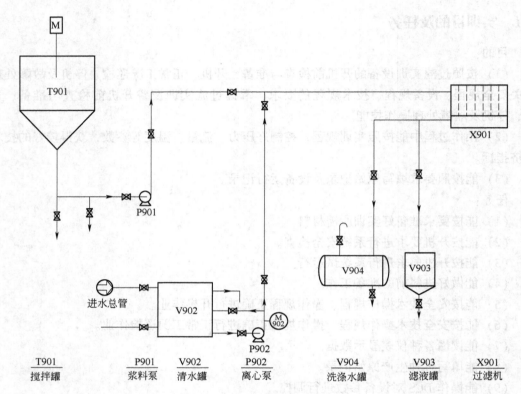

T901	P901	V902	P902	V904	V903	X901
搅拌罐	浆料泵	清水罐	离心泵	洗涤水罐	滤液罐	过滤机

图 2-1　实训装置连接图

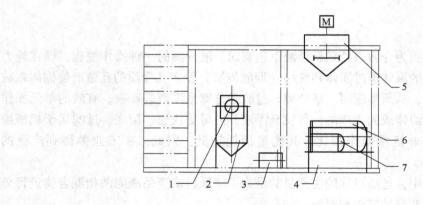

图 2-2　实训装置立面布置图

1—过滤机；2—滤液收集罐；3、6—原料罐；4—空气压缩机（带缓冲罐）；5—搅拌罐；7—洗涤罐

2.3.2 实训设备

2.3.2.1 设备一览表

设备一览表见表 2-1。

表 2-1 设备一览表

项 目	名 称	规 格 型 号	数量
工艺设备系统	板框过滤机	不锈钢，过滤面积 0.9 m²	1
	清水罐	不锈钢，400mm×400mm×400mm	1
	搅拌罐	不锈钢，300L	1
	洗涤水罐	不锈钢，ϕ325mm×700mm	1
	滤液收集槽	不锈钢，150L	1
	搅拌桨	不锈钢，螺旋搅拌桨	1
	浆料泵	不锈钢，离心泵	1
	清水泵	不锈钢，离心泵	1
	搅拌电动机	感应电动机	1

2.3.2.2 设备技术指标

温度控制：过滤机进口温度：20~40℃；

过滤机出口温度：20~40℃。

流量控制：洗涤水流量：0~200 L/h。

压力控制：浆料泵出口压力：0.05~0.2MPa；

过滤机进口压力：0.05~0.2MPa；

过滤机进口压力（PI904）的控制。

2.3.3 实训流程

将 $CaCO_3$ 粉末与水按一定比例投入配料釜后，启动搅拌装置形成碳酸钙悬浮液，用浆料泵送至板框过滤机进行过滤，滤液流入收集槽，碳酸钙粉末则在滤布上形成滤饼。当框内充满滤饼后，停止输送浆料，用清水对板框内滤渣进行洗涤，洗涤完成后，卸开板框过滤机板和板框，卸去滤饼，洗净滤布。

2.4 实训步骤

实训操作之前，请仔细阅读实训装置操作规程，以便完成实训操作。控制柜面板示意图见图 2-3，控制面板对照表见表 2-2。注意：开车前应检查所有设备、阀门、仪表所处状态。

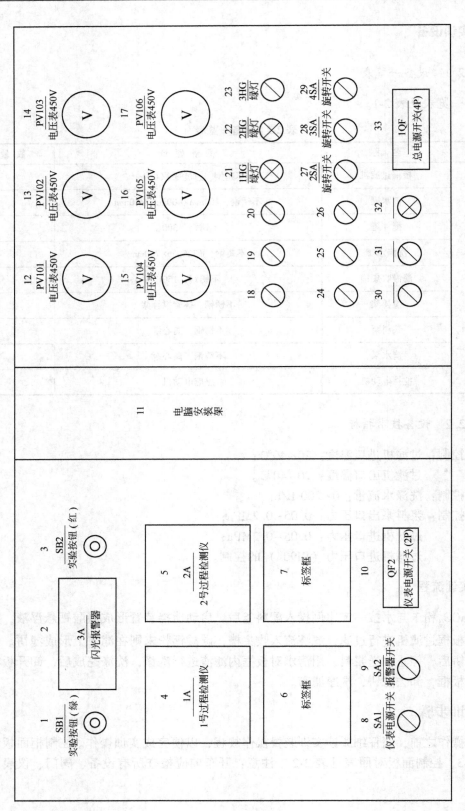

图 2-3　控制柜面板示意图

表 2-2 控制面板对照表

序号	名　　称	功　　能
1	试验按钮	切换试验状态
2	闪光报警器	报警指示
3	消音按钮	消除报警
4	C3000 仪表调节仪（1A）	
5	C3000 仪表调节仪（2A）	
6	标签框	通道显示表
7	标签框	通道显示表
8	仪表开关（1SA）	仪表电源开关
9	报警开关（2SA）	报警电源开关
10	空气开关（QF2）	仪表总电源开关
11	电脑安装架	安装电脑
12	电压表（V1）	空气开关电压监控
13	电压表（V3）	加热电压监控
14	电压表（V4）	气体进口风机电压监控
15	电压表（V2）	空气开关电压监控
16	电流表（A1）	加热电流监控
17	电压表（V5）	气体进口风机电压监控
18	通电指示灯	气体进口风机通电指示
19	通电指示灯	循环气体风机通电指示
20	通电指示灯	气体加热通电指示
21	通电指示灯	循环气体流量控制阀通电指示
22	通电指示灯	下料机通电指示
23	通电指示灯	直流电源通电指示
24	气体进口风机开关旋钮	气体进口风机电源开关
25	循环气体风机开关旋钮	循环气体风机电源开关
26	气体加热开关旋钮	气体加热电源开关
27	循环气体流量控制阀开关旋钮	循环气体流量控制阀电源开关
28	下料机电源开关旋钮	下料机电源开关
29	直流电源开关旋钮	直流电源开关
30	黄色指示灯	空气开关通电指示
31	绿色指示灯	空气开关通电指示
32	红色指示灯	空气开关通电指示
33	空气开关（QF1）	

2.4.1 开车前准备

（1）由相关操作人员组成装置检查小组，对本装置所有设备、管道、阀门、仪表、电气、照明、分析、保温等按工艺流程图要求和专业技术要求进行检查。

（2）检查所有仪表是否处于正常状态。

（3）检查所有设备是否处于正常状态。

（4）试电：

1）检查外部供电系统，确保控制柜上所有开关均处于关闭状态。

2）开启外部供电系统总电源开关。

3）打开控制柜上空气开关 33（QF1）。

4）打开 24V 电源开关以及空气开关 10（QF2），打开仪表电源开关。查看所有仪表是否上电，指示是否正常。

5）将各阀门顺时针旋转操作到关的状态。

（5）准备原料。根据过滤具体要求，确定原料碳酸钙悬浮液的浓度，含 $CaCO_3$ 浓度为 10%~30%，计算出所需要清水的体积及碳酸钙的质量，用电子秤称好碳酸钙质量备用。

（6）正确装好滤板、滤框，滤布使用前用水浸湿，滤布要绷紧，不能起皱，滤布紧贴滤板，密封垫贴紧滤布。

2.4.2　开车

（1）关闭搅拌罐排污阀（V01），开启搅拌罐进水阀（V02），注意观察搅拌罐液位，当通入所需一半清水时，开启搅拌装置，把 $CaCO_3$ 粉末缓慢加入搅拌罐搅拌。

（2）继续加水至搅拌罐规定液位（小于 1/2）处，关闭进水阀（V02），闭合搅拌罐顶盖。

（3）关闭滤液罐排污阀（V16），开启浆料泵进出口阀（V03、V04）、原料进口阀（V05）、滤液出口阀（V14），启动浆料泵，注意观察浆料泵出口压力表 PI901 示数，过滤机入口压力表 PI903 示数，清液出口流出滤液至滤液槽中。

（4）过滤开始后，随着滤饼层形成，压力表 PI901、PI903 示数将逐渐增加，当滤液罐的液位高出规定的最低液位测量点后，参考板框此时进口压力值及保证合适的滤液流速。可将控制面板上浆料泵的转数设置为变频调节，设定过滤机进口压力表 PI904 的示数为某一压力数值（0.01~0.02MPa），开始进行恒压过滤。

（5）开始计时起，每次收集滤液的体积为 10L，记录相应的过滤时间 $\Delta\tau$，每次恒压过滤试验记录 5~6 个数值即可。

（6）过滤结束后，停止浆料泵，关闭滤液槽进口阀（V14）。

（7）开始清洗滤饼，关闭清水罐排污阀（V07）、洗涤水罐排污阀（V15），向清水罐内一直通入清水，当出现溢流时，开启离心泵的进出口阀及回流阀（V09、V10、V08）、清水进口阀和放空阀（V11、V12），启动离心泵。

（8）调节离心泵的出口阀（V10）和回流阀（V08）开度控制洗涤水进口流量，观察洗涤水罐液位，保证一定的洗涤水流量，同时注意压力表 PI903 的示数变化，保证压力小于 0.2MPa，直至清洗出的洗涤液澄清，则洗涤过程结束。

2.4.3　停车

（1）关闭离心泵，将搅拌罐剩余浆料通过排污阀门直接排掉，关闭排污阀（V01），开启进水阀（V02），清洗搅拌罐。

（2）用清水洗净浆料泵。

（3）卸开过滤机，回收滤饼，以备下次实验时使用。

（4）冲洗滤框、滤板，刷洗滤布，滤布不要打折。

（5）开启清水罐、洗涤水罐、滤液罐的排污阀（V07、V15、V16），排掉容器内的液体，并清洗洗涤水罐和滤液罐。

（6）进行现场清理，保持各设备、管路洁净。

（7）切断控制台、仪表盘电源。

（8）做好操作记录，计算出恒压过滤常数。

2.4.4 异常现象及处理

异常现象及处理见表 2-3。

表 2-3 异常现象及处理

异常现象	原因	处理方法
床层温度突然升高	空气流量过大或加热过猛； 系统加料量过少	调节空气流量，调低加热电流； 加大加料量
床层压降过高	流化床内加料过多	减少加料量
旋风分离器跑料	抽风量太大； 旋风分离器被物料堵住	关小抽风机开启度； 停车处理旋风分离器

2.4.5 正常操作注意事项

（1）配制原料时，清水一定从下部通入，防止浆料罐出口管路堵塞。

（2）过滤压力不得大于 0.2MPa。

（3）实验结束后，要及时清洗管路、设备、浆料泵，确保整个装置清洁。

2.4.6 设备维护及检修

（1）泵的开、停、正常操作及日常维护。

（2）板框过滤机的构造、工作原理、正常操作及维护。

（3）主要阀门的位置、类型、构造、工作原理、正常操作及维护。

（4）压力变送器、温度传感器的测量原理；温度、压力显示仪表的正常使用及维护。

2.5 实训注意事项

实训组织和程序：

每班分成 6~8 组，每组 6~8 人，设备开关、DCS 控制、仪表读数及记录、压滤机、加料、出料及指挥组长各一人。

2.6 实训报告要求

（1）简述过滤实训目的及任务、原理、操作过程。

（2）以小组为单位填写实训记录表（见表 2-4）。

表 2-4　实训记录表

　　　　　　　　　　　　　　　　　　　　　　　　　　　　　　　年　月　日

时间/min										
进料管压力 /MPa										
浆料泵后 压力/MPa										
浆料泵 温度/℃										
离心泵后 压力/MPa										
离心泵流量 /L·h⁻¹										
滤液出口 压力/MPa										
洗涤水罐 液位/mm										
滤液罐 液位/mm										
滤液出口 温度/℃										
滤液体积 /L										
操作记事										
异常情况 处理										

操作学生：

指导教师：

实训日期：

3 萃取操作实训

3.1 实训目的及任务

目的：

（1）按照萃取实训设备的开机前检查与准备、开机、正常工况巡检、停机及故障处理相关安全规程、设备规程、技术规程的要求，掌握萃取实训设备开机前检查与准备、开机、停机及故障处理操作技能。

（2）操作过程中能按照实训规程，控制好温度、流量、压力等参数，获得较好的技术经济指标。

（3）能按照要求填写原始记录及设备运行记录。

任务：

（1）能按要求准备好实训所需材料。

（2）能按开机要求进行系统安全检查。

（3）能按开机要求进行系统试运行。

（4）能做好进料前的准备工作。

（5）能按安全技术操作规程、操作规程正确进行开机作业。

（6）能按安全技术操作规程、操作规程正确进行正常工况巡检作业。

（7）能读懂各种仪表显示数据。

（8）能填写各种生产原始记录。

（9）能操作 DCS 对设备参数进行调控。

（10）能填写设备运行记录。

3.2 实训原理

萃取是利用混合物中各组分在外加溶剂中的溶解度差异而实现分离的单元操作。液-液萃取是实际工业生产中一种常见的分离液态混合物方式，利用萃取分离液态混合物分离效率高，运行费用低廉，能取得良好的工业效果。因此，液-液萃取装置是化工领域中常见装置。萃取在现代铜湿法冶金、铟的提取过程得到工业应用。

3.3 实训设备及流程

3.3.1 实训装置

实训装置连接图见图 3-1，装置立面布置图见图 3-2。本实训采用浙江中控科教仪器设备有限公司生产的装置。

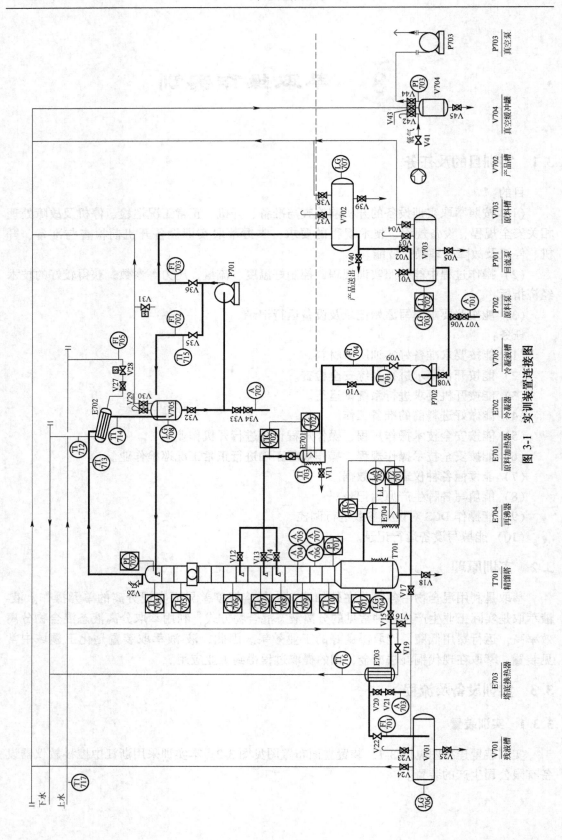

图 3-1　实训装置连接图

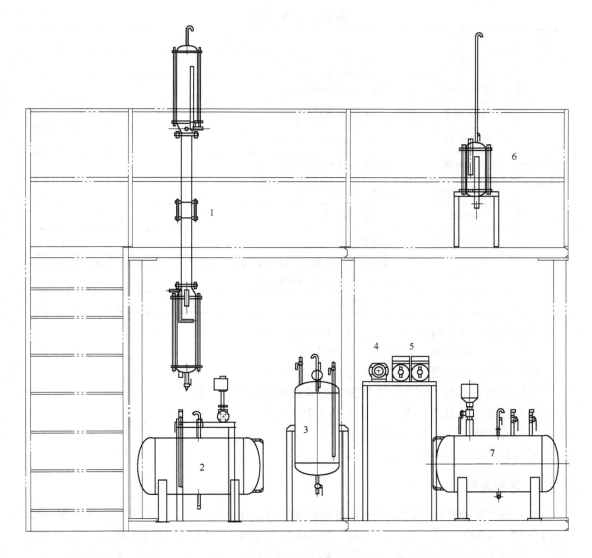

图 3-2 装置立面布置图

1—萃取塔；2—萃取相储槽；3—空气缓冲罐；4—气泵；5—计量泵；6—分相器；7—轻相储槽

3.3.2 实训装备

3.3.2.1 设备一览表

设备一览表见表3-1。

3.3.2.2 生产技术指标

温度控制：原料泵出口温度：室温；

萃取剂泵出口温度：室温。

表 3-1　设备一览表

项目	名　称	规　格　型　号
工艺设备系统	空气缓冲罐	不锈钢，ϕ300mm×200mm
	萃取相储槽	不锈钢，ϕ400mm×600mm
	轻相储槽	不锈钢，ϕ400mm×600mm
	萃余相储槽	不锈钢，ϕ400mm×600mm
	重相储槽	不锈钢，ϕ400mm×600mm
	萃余分相罐	玻璃，ϕ125mm×320mm
	重相泵	计量泵，60L/h
	轻相泵	计量泵，60L/h
	萃取塔	玻璃主体，硬质玻璃 ϕ125mm×1200mm；上、下扩大段，不锈钢 ϕ200mm×200mm；填料为不锈钢规整填料
	气泵	小型压缩机

流量控制：萃取塔进口空气流量：10~50L/h；
　　　　　原料泵出口流量：20~50L/h。
萃取剂泵出口流量：20~50L/h。
液位控制：水位达到萃取塔塔顶（玻璃视镜段）1/3 位置。
压力控制：气泵出口压力：0.01~0.02MPa。
空气缓冲罐压力：0~0.02MPa。
空气管道压力：0.01~0.03MPa。

3.3.3　实训流程

　　加入约 1%苯甲酸-煤油溶液至轻相储槽（V203）至 1/2~2/3 液位，加入清水至重相储槽（V205）至 1/2~2/3 液位，启动萃取剂泵（P202）将清水由上部加入萃取塔内，形成并维持萃取剂循环状态，再启动原料泵（P201）将苯甲酸-煤油溶液由下部加入萃取塔，通过控制合适的塔底重相（萃取相）采出流量（24~40L/h），维持塔顶轻相液位在视镜低端 1/3 处左右，启动高压气泵向萃取塔内加入空气，增大轻-重两相接触面积，加快轻-重相传质速度，系统稳定后，在轻相出口和重相出口处，取样分析苯甲酸含量，经过分相器（V206）分离后，轻相采出至萃余相储槽（V202），重相采出至萃取相储槽（V204）。改变空气量和轻、重相的进出口物料流量，取样分析，比较不同操作条件下萃取效果。

3.4　实训步骤

　　实训操作之前，请仔细阅读实训装置操作规程，以便完成实训操作。控制柜面板示意图见图 3-3，控制面板对照表见表 3-2 。注意：开车前应检查所有设备、阀门、仪表所处状态。

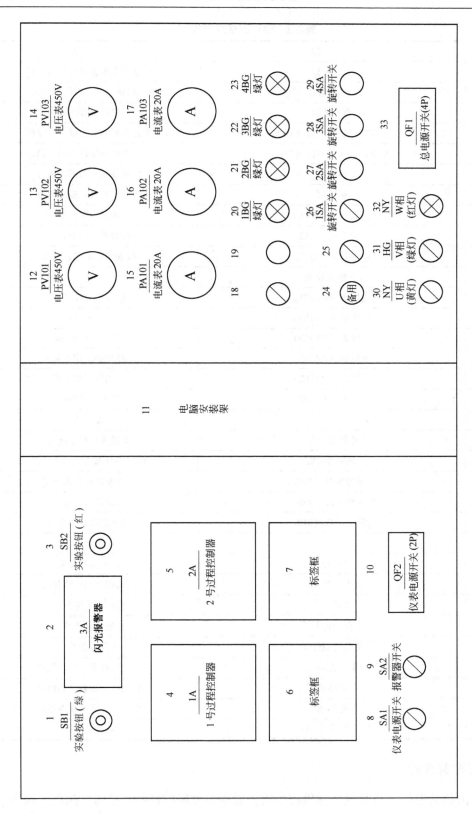

图3-3 控制柜面板示意图

表 3-2　控制面板对照表

序号	名　称	功　能
1	试验按钮	检查声光报警系统是否完好
2	闪光报警器	发出报警信号，提醒操作人员
3	消音按钮	消除警报声音
4	C3000 仪表调节仪（1A）	工艺参数的远传显示、操作
5	C3000 仪表调节仪（2A）	工艺参数的远传显示、操作
6	标签框	注释仪表通道控制内容
7	标签框	注释仪表通道控制内容
8	仪表开关（SA1）	仪表电源开关
9	报警开关（SA2）	报警系统电源开关
10	空气开关（QF2）	装置仪表电源总开关
11	电脑安装架	
12	电压表（PV101）	轻相泵工作电压
13	电压表（PV102）	重相泵工作电压
14	电压表（PV103）	气泵工作电压
15	电流表（PA101）	轻相泵工作电流
16	电流表（PA102）	重相泵工作电流
17	电流表（PA103）	气泵工作电流
18		备　用
19	电源指示灯	电源运行状态指示
20	电源指示灯	电动调节阀运行状态指示
21	电源指示灯（1HG）	轻相泵运行状态指示
22	电源指示灯（2HG）	重相泵运行状态指示
23	电源指示灯（3HG）	气泵运行状态指示
24		备　用
25	电源开关	开关电源开关
26	电源开关	电动调节阀电源开关
27	电源开关	轻相泵电源开关
28	电源旋钮开关	重相泵电源开关
29	电源旋钮开关	气泵电源开关
30	黄色指示灯	空气开关通电状态指示
31	绿色指示灯	空气开关通电状态指示
32	红色指示灯	空气开关通电状态指示
33	空气开关（QF1）	电源总开关

3.4.1　开车前准备

（1）由相关操作人员组成装置检查小组，对本装置所有设备、管道、阀门、仪表、电气、照明、分析、保温等按工艺流程图要求和专业技术要求进行检查。

（2）检查所有仪表是否处于正常状态。

（3）检查所有设备是否处于正常状态。

（4）试电：

1）检查外部供电系统，确保控制柜上所有开关均处于关闭状态。

2）开启外部供电系统总电源开关。

3）打开控制柜上空气开关33（QF1）。

4）打开装置仪表电源总开关（QF2），打开仪表电源开关SA1，查看所有仪表是否上电，指示是否正常。

5）将各阀门顺时针旋转操作到关的状态。

（5）准备原料：

1）取苯甲酸钠一瓶（0.5kg），煤油50kg，在敞口容器内配制成苯甲酸钠-煤油饱和溶液，并滤去溶液中未溶解的苯甲酸钠。

2）将苯甲酸钠-煤油饱和溶液加入轻相储槽，到其容积的1/2~2/3。

3）在重相储槽内加入自来水，控制水位在1/2~2/3。

3.4.2 开车

3.4.2.1 开车操作

（1）关闭萃取塔排污阀（V19）、萃取相储槽排污阀（V23）、萃取塔液相出口阀（及其旁路阀）（V20、V21、V22）。

（2）开启萃取剂泵进口阀（V25），启动萃取剂泵，开启萃取剂泵出口阀（V27），以萃取剂泵的较大流量（40L/h）从萃取塔顶向系统加入清水，当水位达到萃取塔塔顶（玻璃视镜段）1/3位置时，开启萃取塔液相出口阀（V20），调节控制面板上C3000中的萃取塔出水流量，控制萃取塔顶液位稳定。

（3）在萃取塔液位稳定基础上，将萃取剂泵进口流量降至24L/h，塔底液水相出口流量控制在24L/h。

（4）开启气泵出口阀（V01），启动气泵，关闭空气缓冲罐气体出口阀、放空阀（V04、V05），当空气缓冲罐充压至0.01~0.02MPa时，开启空气流量计进口阀（V05），调节适当的空气流量，保证一定的鼓泡数量。

（5）观察萃取塔内气液运行情况，调节萃取塔出口流量，维持萃取塔塔顶液位在玻璃视镜段1/3处位置。

（6）开启原料泵进口阀（V14）及出口阀（V18），启动原料泵，将原料泵出口流量调节至12L/h，向系统内加入苯甲酸钠-煤油饱和溶液，观察塔内油-水接触情况，控制进、出塔轻相流量相等，控制油-水界面稳定在玻璃视镜段1/3处位置。

（7）油层逐渐上升，由塔顶出液管溢出至分相器，在分相器内油-水再次分层，油层经分相器油相出口管道流出至萃余相储槽，水相经分水阀后进入萃取相储槽，分相器内油-水界面控制以水相高度不得超过分相器底封头5cm。

（8）当萃取系统稳定运行20min后，在萃取塔出口（A201、A203）处油相取样口采样分析。

3.4.2.2　改变鼓泡空气量和进、出口物料流量的操作

（1）关闭萃取塔底部重相液出口阀（V20），停止原料泵，关闭原料泵出口阀门（V18，V19），调节控制面板上 C3000 将萃取剂泵流量调节至最大流量 40L/h，向萃取塔系统加入清水，把萃取塔内油相逐渐压入分相器内，经分相器流出至萃余相储槽。

（2）当系统油相基本撤除后，注意观察分相器内油-水层界面，及时停止萃取剂泵或开启分相器排水阀（V12），防止水相进入萃余相储槽。

（3）当分相器内油相排净后，停止萃取剂泵，开启分相器排水阀（V12），将分相器内的水相排入萃取相储槽。

（4）重复步骤 3.4.2.1 中（4）～（8）基本操作，仅改变鼓泡空气、轻相、重相流量，继续进行实验。

3.4.3　停车操作

（1）停止原料泵，关闭原料泵进出口阀门。

（2）关闭分相器排水阀（V12），将萃取剂泵流量调整至最大，将萃取塔及分相器内油相全部排入萃余相储槽。

（3）当萃取塔内、分相器内油相均排入萃余相储槽后，停止萃取剂泵，关闭萃取剂泵出口阀（V27），将分相器内水相，萃取塔内水相排空。

（4）进行现场清理，保持各设备、管路的洁净。

（5）做好操作记录。

（6）切断控制台、仪表盘电源。

3.4.4　正常操作注意事项

（1）按照要求巡查各界面、温度、压力、流量液位值并做好记录。

（2）分析萃取、萃余相的浓度并做好记录、能及时判断各指标否正常；能及时排污。

（3）控制进、出塔水相流量相等，控制油-水界面稳定在玻璃视镜段 1/3 处位置。

（4）控制好进塔空气流量，防止引起液泛，又保证良好的传质效果。

（5）当停车操作时，要注意及时开启分凝器的排水阀，防止水相进入轻相储槽。

（6）用酸碱滴定法分析苯甲酸浓度。

3.4.5　设备维护及检修

（1）磁力泵的开、停、正常操作及日常维护。

（2）气泵的开、停、正常操作及日常维护。

（3）填料萃取塔的构造、工作原理、正常操作及维护。

（4）主要阀门（萃塔顶界面调节；重相、轻相流量调节）的位置、类型、构造、工作原理、正常操作及维护。

（5）温度、流量、界面的测量原理；温度、压力显示仪表及流量控制仪表的正常使用。

（6）定期组织学生进行系统检修演练。

3.4.6 异常现象及处理

异常现象及处理见表3-3。

表 3-3　异常现象及处理

异常现象	原因分析	处理方法
重相储槽中轻相含量高	轻相从塔底混入重相储槽	减小轻相流量、加大重相流量并减小采出量
轻相储槽中重相含量高	重相从塔底混入轻相储槽	减小重相流量、加大轻相流量并减小采出量
	重相由分相器内带入轻相储槽	及时将分相器内重相排入重相储槽
分相不清晰、溶液乳化、萃取塔液泛	进塔空气流量过大	减小空气流量
油相、水相传质不好	进塔空气流量过小或油相加入量过大	加大空气流量、减小油相加入量或增加水相加入量

3.4.7 正常操作中的故障扰动 （故障设置实训）

在萃取正常操作中，由教师给出隐蔽指令，通过不定时改变某些阀门、泵的工作状态来扰动萃取系统正常工作状态，模拟出实际萃取生产过程中的常见故障。学生根据各参数的变化情况、设备运行异常现象，分析故障原因，找出故障并动手排出故障，以提高学生对工艺流程的认知度和实际动手能力。

（1）气泵跳闸：在萃取正常操作中，教师给出隐蔽指令，改变气泵的工作状态，学生通过观察萃取塔内流体流动状态、界面及液位等参数的变化情况，分析引起系统异常的原因并作处理，使系统恢复到正常操作状态。

（2）分相器液位失调：在萃取正常操作中，教师给出隐蔽指令，改变分相器的工作状态，学生通过观察萃取塔界面、液位及重相、轻相出料等参数的变化情况，分析引起系统异常的原因并作处理，使系统恢复到正常操作状态。

（3）空气进料管倒"U"进料误操作：在萃取正常操作中，教师给出隐蔽指令，改变萃取塔空气进口管阀的工作状态，学生通过观察萃取塔内流动状态、界面和液位等参数的变化情况，分析引起系统异常的原因并作处理，使系统恢复到正常操作状态。

（4）重相流量改变：在萃取正常操作中，教师给出隐蔽指令，改变重相泵出口阀的工作状态，学生通过观察萃取塔内流动状态、界面和液位等参数的变化情况，分析引起系统异常的原因并作处理，使系统恢复到正常操作状态。

（5）轻相流量改变：在萃取正常操作中，教师给出隐蔽指令，改变轻相泵出口阀的工作状态，学生通过观察萃取塔内流动状态、界面和液位等参数的变化情况，分析引起系统异常的原因并作处理，使系统恢复到正常操作状态。

3.5　实训报告要求

（1）简述萃取实训目的及任务、原理、操作过程。

（2）以小组为单位填写实训记录表（见表 3-4）。

表 3-4　实训记录表

时间 /min	缓冲 罐压力 /MPa	分相器 液位 /mm	空气 流量 /m³·h⁻¹	萃取相 流量 /L·h⁻¹	萃余相 流量 /L·h⁻¹	萃取相 进口浓度 /mg	萃余相 进口浓度 /mg	萃取相 出口浓度 /mg	萃取效率 /%	
										操作 记事
										异常 情况 记录

操作学生：

指导教师：

实训日期：

4 间歇反应釜操作实训

4.1 实训目的及任务

目的：

（1）按照间歇反应釜实训设备的开机前检查与准备、开机、正常工况巡检、停机及故障处理相关安全规程、设备规程、技术规程的要求，掌握间歇反应釜实训设备开机前检查与准备、开机、停机及故障处理操作技能。

（2）操作过程中能按照实训规程，控制好温度、流量、压力等参数，获得较好的技术经济指标。

（3）能按照要求填写原始记录及设备运行记录。

任务：

（1）能按要求准备好实训所需材料。

（2）能按开机要求进行系统安全检查。

（3）能按开机要求进行系统试运行。

（4）能做好进料前的准备工作。

（5）能按安全技术操作规程、操作规程正确进行开机作业。

（6）能按安全技术操作规程、操作规程正确进行正常工况巡检作业。

（7）能读懂各种仪表显示数据。

（8）能填写各种生产原始记录。

（9）能操作 DCS 对设备参数进行调控。

（10）能填写设备运行记录。

4.2 实训原理

工业中的化学反应绝大部分是在反应器内进行的，因此，反应器是化工生产的核心设备。而间歇釜式反应器是化工生产中广泛应用的一种反应设备，主要用于液相反应，且在反应器的生产能力、反应的选择性及保证产品质量等方面具有独特的优点，因此，间歇反应釜在医药、印染、精细化工、高分子合成材料、粘合剂、涂料等多种行业中得到广泛应用。

从环保和安全的角度出发，本装置采用乙醇-水作为模拟物料，利用可控加热管模拟工业中的放热反应。

4.3 实训设备及流程

4.3.1 实训装置

间歇反应釜工艺流程见图 4-1，装置立面布置见图 4-2。本实训采用浙江中控科教仪器设备有限公司生产的装置。

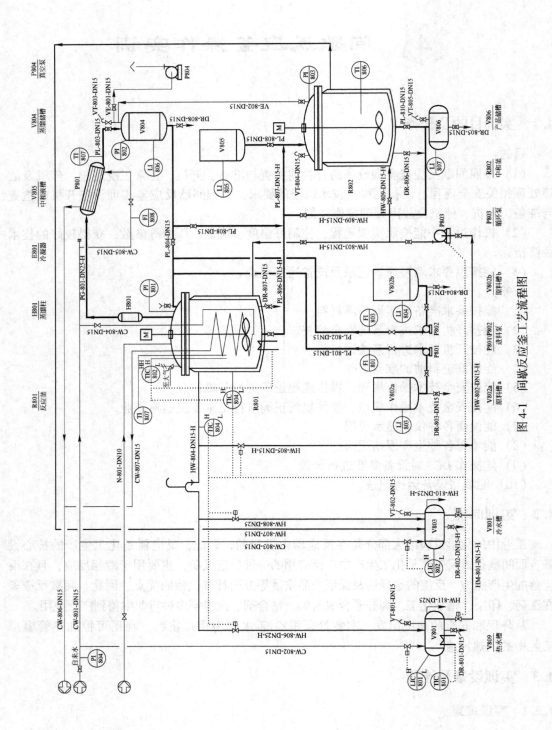

图 4-1 间歇反应釜工艺流程图

4.3.2 实训装备

4.3.2.1 设备一览表

设备一览表见表4-1。

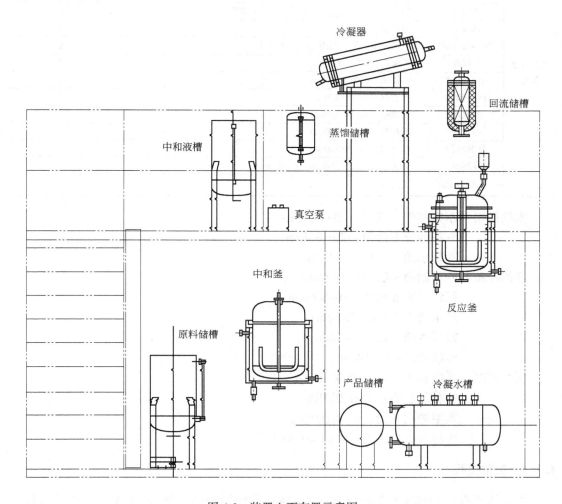

图 4-2 装置立面布置示意图

4.3.2.2 各项工艺操作指标

温度控制：热水槽温度：60~95℃；

反应釜温度：50~80℃；

反应釜夹套温度：50~90℃；

反应釜夹套出口温度：35~60℃；

竖式冷却器温度：50~90℃；

中和釜温度：50~80℃。

表 4-1　设备一览表

项目	名　称	规　格　型　号	数　量
工艺设备系统	反应釜	不锈钢反应釜，$V = 50L$，常压，带冷却盘管、电加热管，带搅拌、搅拌电动机、安全阀	1
	中和釜	不锈钢反应釜，$V = 50L$，常压，带搅拌、搅拌电动机	1
	进料泵	增压泵，流量 $Q_{max} = 1.2m^3/h$，$U = 220V$	2
	真空泵	抽气量，4L/s	1
	加热循环泵	不锈钢离心泵，流量 $Q_{max} = 1m^3/h$	1
	原料罐	不锈钢，$\phi 325 \times 630mm$	2
	中和液槽	不锈钢，$\phi 325 \times 630mm$	1
	产品储罐	不锈钢，$\phi 325 \times 760mm$	1
	热水槽	不锈钢，$\phi 426 \times 880mm$	1
	冷水槽	不锈钢，$\phi 325 \times 760mm$	1
	蒸馏储槽	不锈钢，$\phi 325 \times 760mm$	1
	冷凝器	不锈钢，$\phi 260 \times 780mm$，$F = 0.26m^2$	1
	N_2 钢瓶及减压阀	工业 N_2	1

流量控制：原料储槽 a 流量：20~80L/h；
　　　　　原料储槽 b 流量：20~80L/h；
　　　　　冷却水流量：50~160L/h。
液位控制：原料储槽 a 液位：0~500mm；
　　　　　原料储槽 b 液位：0~500mm；
　　　　　热水槽液位：0~300mm；
　　　　　循环水槽液位：0~300mm；
　　　　　蒸馏储罐：0~400mm。
压力控制：反应釜压力：0~0.02MPa；
　　　　　中和釜压力：0~0.02MPa；
　　　　　蒸馏储槽压力：0~0.02MPa；
　　　　　冷却水进口压力：0.01~0.3MPa。

4.3.3　工艺流程

物料从原料罐 V802a 和 V802b 按 1∶1 体积比分别经原料液泵 P801、P802 进入反应釜 R801 内，从加料口装入催化剂，用热水预热原料，当原料温度达到 60℃左右，开启反应釜内加热装置，开始模拟放热反应，反应后的气体经冷凝器 E801 冷凝，并放空不凝气，冷凝后的产物部分收集到蒸馏储罐 V804，部分回流到反应釜中，当一次反应结束后，蒸馏储槽及反应釜内的反应产物一起进入中和釜 R802，利用中和液槽 V805 中的中和液中和反应产物，中和后的产品收集到产品储槽 V806 中。

4.4　实训步骤

实训操作之前，请仔细阅读实验装置操作规程，以便完成实训操作。注意：开车前应检查所有设备、阀门、仪表所处状态。控制柜面板示意图见图 4-3，控制面板对照表见表 4-2。

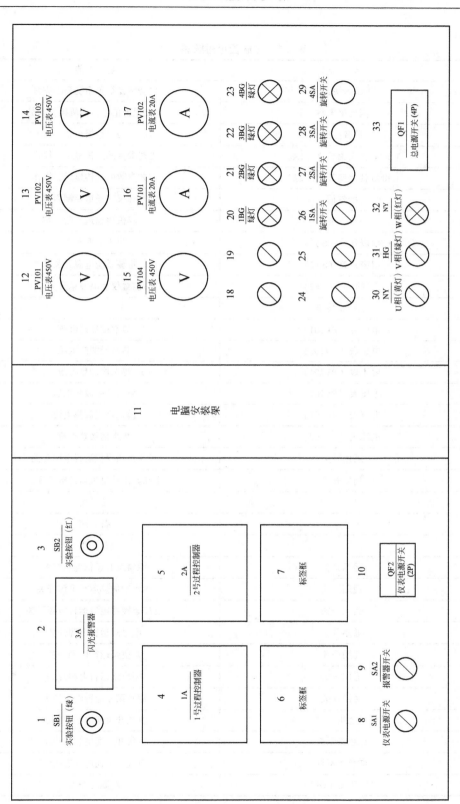

图4-3 控制柜面板示意图

表 4-2　控制面板对照表

序号	名　称	功　能
1	试验按钮	检查声光报警系统是否完好
2	闪光报警器	发出报警信号，提醒操作人员
3	消音按钮	消除警报声音
4	C3000 仪表调节仪（1A）	工艺参数的远传显示、操作
5	C3000 仪表调节仪（2A）	工艺参数的远传显示、操作
6	标签框	注释仪表通道控制内容
7	标签框	注释仪表通道控制内容
8	仪表开关（SA1）	仪表电源开关
9	报警开关（SA2）	报警系统电源开关
10	空气开关（QF2）	装置仪表电源总开关
11	电脑安装架	
12	电压表（PV101）	热水槽加热电压
13	电压表（PV103）	热水槽加热电压
14	电压表（PV104）	热水槽加热电压
15	电压表（PV102）	模拟反应放热电压
16	电流表（PA101）	模拟反应放热电流
17	电流表（PA102）	热水槽加热电流
18	通用开关	反应放热模拟运行电源开关
19	通用开关	中和釜搅拌电机运行电源开关
20		备　用
21		备　用
22		备　用
23	通用开关	原料泵 b 运行电源开关
24	通用开关	热水槽加热运行电源开关
25	通用开关	反应釜搅拌电机运行电源开关
26	通用开关	电磁阀运行电源开关
27	通用开关	真空泵运行电源开关
28	通用开关	循环泵运行电源开关
29	通用开关	原料泵 a 运行电源开关
30	黄色指示灯	空气开关通电状态指示
31	绿色指示灯	空气开关通电状态指示
32	红色指示灯	空气开关通电状态指示
33	空气开关（QF1）	电源总开关

4.4.1 开车前准备

（1）由相关操作人员组成装置检查小组，对本装置所有设备、管道、阀门、仪表、电气、保温等按工艺流程图要求和专业技术要求进行检查。

（2）检查所有仪表是否处于正常状态。

（3）检查所有设备是否处于正常状态。

（4）试电：

1）检查外部供电系统，确保控制柜上所有开关均处于关闭状态。

2）开启外部供电系统总电源开关。

3）打开控制柜上空气开关 33（QF1）。

4）打开 24V 电源开关以及空气开关 10（QF2），打开仪表电源开关。查看所有仪表是否上电，指示是否正常。

（5）准备原料。把乙醇和水通过原料进口阀分别加入到原料槽 V801a、V801b 中，到其容积的 1/2～2/3。

4.4.2 开车

（1）打开反应釜放空阀（V08）原料泵 P801、P802 的进、出口阀（V14、V15、V16、V17），开启原料泵 P801、P802，调节流量表 FI801、FI802 以 100L/h 流量经过滤漏斗向反应釜内加料，加料至 1/2 左右液位时，停止原料泵，关闭原料泵出口阀（V16、V17）。

（2）从进料漏斗向反应釜内加入催化剂，开启反应釜搅拌电机，调节转速至 1000rpm，控制冷搅拌时间为 15min 左右。

（3）打开热水槽进、出口电磁阀（MV01、MV03）、冷水槽进口阀（MV04）、循环泵进、出口阀（V26、V27）、循环泵电磁阀（MV07），启动循环泵，向反应釜夹套内通入热水，预热原料。

（4）当原料温度为 TI803 的示数为 55℃左右时，关闭热水槽出口阀（MV01）、热水槽加热电源开关，打开冷水槽出口阀（MV02），将循环水切换至冷水。

（5）开始模拟放热反应，开启反应釜加热管装置，在控制面板上调节 C3000 使反应釜内加热装置的加热功率为 1000～1500W 之间一数值。

（6）在控制面板上设定反应釜的温度（即模拟反应温度）TI803 的示数为 60℃左右，自动连锁调节系统将通过调节冷水流量来控制调节夹套温度，保持反应釜内温度稳定。

（7）如果釜内温度过高或需要快速降温时，则打开进水阀门（V09），向反应釜内蛇管通冷却水，进行强制冷却。

（8）冷凝储槽内的液体，部分回流到反应釜，部分作为反应产物排到中和釜。

（9）模拟反应结束后，关闭反应釜加热套，在控制面板上启动中和釜搅拌电机，调转速至 1000r/min，开启中和液进料阀（V34），打开中和釜夹套冷却水进口阀（V28），对中和釜进行冷却。

（10）关闭中和釜排料阀（V31），打开反应釜排料阀（V10、V24），将反应产物排放到中和釜，关闭反应釜内加热装置及搅拌器，打开中和液进料阀（V34），中和反应产物。

（11）中和反应结束后，关闭产品储槽（V806）排污阀（V29），打开放空阀（V30），开启中和釜排料阀（V31）、放空阀（V30），排放中和后产物到产品储槽，关闭中和釜电动机。

4.4.3　停车操作

（1）当所有温度表示数降低至室温时，关闭自来水进口阀（V09、V23、MV04），即关闭装置的冷却水。

（2）关闭冷水槽的出口阀（V02），停止反应釜夹套的循环水。

（3）开启冷、热水槽的排污阀（V02、V06），排放冷、热水槽中的水。

（4）关闭产品储槽放空阀（V30），产品储槽内的产物待进一步处理。

（5）进行现场清理，保持各设备、管路的洁净。

（6）及时做好操作记录。

4.4.4　正常操作注意事项

（1）注意控制好反应釜温度，以及温度连锁控制。

（2）控制好反应釜压力，当压力异常时，调节相应阀门进行控制。

（3）要控制模拟放热反应的功率不能过高。

（4）当反应釜内温度过高时，蛇管内要及时通入冷却水进行强制冷却。

（5）反应釜内要通入氮气进行保护，为确保通入物料，要对反应釜进行抽真空。

4.4.5　设备维护及检修

（1）离心泵、真空泵的开、停、正常操作及日常维护。

（2）反应釜的构造、工作原理、正常操作及维护。

（3）换热器的构造、工作原理、正常操作及维护。

（4）主要阀门（电动调节阀，电磁阀，减压阀等）的位置、类型、构造、工作原理、正常操作及维护。

（5）各种温度、流量、压力、液位传感器的测量原理；温度、压力、液位显示仪表及流量控制仪表的正常使用。

（6）不同形式搅拌器的结构、原理及操作方式。

（7）定期组织学生进行系统检修演练。

4.4.6　异常现象及处理

异常现象及处理见表4-3。

4.4.7　正常操作中的故障扰动（故障设置实训）

在反应釜正常操作中，由教师给出隐蔽指令，通过不定时改变某些阀门的工作状态来扰动反应釜系统正常的工作状态，分别模拟出间歇反应釜实际生产过程中的常见故障。学生根据各参数的变化情况、设备运行异常现象，分析故障原因，找出故障并动手排出故障，以提高学生或培训人员对工艺流程的认识度和实际动手能力。

表 4-3 异常现象及处理

序号	异 常 现 象	原 因 分 析	处 理 方 法
1	反应温度压力急剧上升	原料计量不准或助剂计量不准；循环水泵跳闸；搅拌失灵跳闸	釜夹套、釜内盘管通入大量冷却水降温；终止反应出料
2	反应物形态异常	助剂配比不准，原料计量不准	调整配方、准确计量
		搅拌桨松动	调整搅拌桨，充分搅拌
3	反应时间过长	助剂部分失效	更换合格助剂或选用高效助剂

（1）回流温度异常：在正常操作中，教师给出隐蔽指令，改变冷却水进口的工作状态（冷却水进口的电磁阀断开），学生通过观察蒸馏储槽压力、温度等参数的变化情况，分析引起系统异常的原因并作处理，使系统恢复到正常操作状态。

（2）反应釜压力异常：在正常操作中，教师给出隐蔽指令，改变反应釜上升蒸汽的工作状态（进口电磁阀断开），学生通过观察反应釜压力和温度、蒸馏储槽的液位和温度的变化，分析系统异常的原因并作处理，使系统恢复到正常操作状态。

4.5 实训报告要求

（1）简述间歇反应釜实训目的及任务、原理、操作过程。

（2）以小组为单位填写实训记录表（见表 4-4）。

表 4-4 实训记录表

工艺参数	记录项目							
	时间/min							
流量 $F/\text{L}\cdot\text{h}^{-1}$	原料 a 流量							
	原料 b 流量							
	冷却器冷却流量							
液位 L/mm	原料 a 液位							
	原料 b 液位							
	蒸馏储槽液位							
	中和液槽液位							
	产品储槽液位							
	冷水槽液位							
	热水槽液位							
温度 $t/℃$	反应釜内强制冷却温度							
	反应釜冷却水进口温度							
	反应釜冷却水出口温度							
	反应釜夹套温度							

温度 t/℃	反应釜加热功率							
	反应釜夹套冷却水流量							
	冷却器冷却水出口温度							
	中和釜温度							
	热水槽温度							
压力 p/MPa	蒸馏储槽压力							
	中和釜压力							
	氮气瓶压力							
计算 结果								
	原料 b 转换率/%							
操作记事								
异常情况记录								

操作学生：

指导教师：

实训日期：

5 铜电解精炼实训

5.1 实训目的与任务

（1）按照铜电解的阳极加工、始极片制作、出装槽、电解液循环、电解液的成分及温度调整、极距的控制、电解液净化、故障判断与处理相关安全规程、设备规程、技术规程的要求，掌握原料准备、装槽、生产、故障判断与处理操作技能。

（2）按照湿法冶炼的进料、冶炼、产出产品相关安全规程、设备规程、技术规程的要求，掌握进料、冶炼、产出操作技能。

任务：

（1）能按要求准备好铜电解所需材料。

（2）能按要求进行出装槽。

（3）能按要求进行电解液循环、成分及温度调整、净化操作。

（4）能按要求进行电解生产操作。

（5）能做好进料前的准备工作。

（6）能按有关采样规程采集原料、辅料样品。

（7）能按安全技术操作规程进行作业。

（8）能读懂各种仪表显示数据。

（9）能填写各种生产原始记录。

（10）能正确进行设备的开、停机作业。

（11）能填写设备运行记录。

（12）能正确使用生产现场安全消防及环保等设备设施。

（13）能按技术操作规程进行产品产出作业。

（14）能按有关采样规程采集产品样品。

5.2 实训原理

传统的铜电解精炼是采用纯净的电解铜薄片作阴极，阳极铜板含有少量杂质（一般为0.3%~1.5%）。电解液主要为含有游离硫酸的硫酸铜溶液。

由于电离的缘故，电解液中的各组分按下列反应生成离子。在未通电时，下述反应处于动态平衡。通电后，电解液全部或部分电离：

$$CuSO_4 \Longrightarrow Cu^{2+} + SO_4^{2-}$$

$$H_2SO_4 \Longrightarrow 2H^+ + SO_4^{2-}$$

$$H_2O \Longrightarrow H^+ + OH^-$$

各种离子做定向运动，阳离子向阴极运动，阴离子向阳极运动，同时阴阳极与电解液界面发生电化学反应。

脱除火法精炼难以除去的、对铜的导电性能和力学性能有损害的杂质，将铜的品位提高到 99.95% 以上，并且回收火法精炼铜中的有价元素，特别是贵金属、铂族金属和稀散金属。

5.3 实训设备及流程

5.3.1 实训设备

电解的主要设备及其用途如下：

（1）电解槽，如图 5-1 所示，是电解的主要设备，用于盛装电解液。电解槽通常安装在上面铺有绝缘层的砖柱或钢筋混凝土的梁上。槽底四角正好对准梁上的绝缘衬垫，使槽对地面绝缘，便于检查是否漏电、漏液，同时可安装其他设备。

几个或几十个槽排成一列，安装时，槽必须校平，槽与槽之间留有一定间隔（如 25mm），便于空气流通并使槽体之间绝缘。

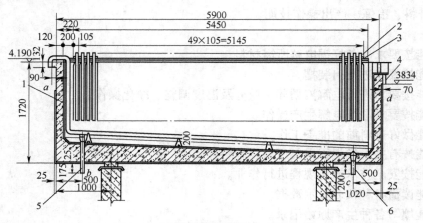

图 5-1　典型的钢筋混凝土电解槽结构

1—进液管；2—阳极；3—阴极；4—出液管；5—放液管；6—阳极泥管

（2）出装槽架：用于阴、阳极出装槽的机械。

（3）硅整流：把交流电变为直流电，供电解生产使用，是电解生产的重要设备。

（4）阳极浇铸机：浇铸阳极片，供电解生产使用。

（5）阴极（始极）制片机：制作阴极（始极）片，供电解生产使用。

（6）酸泵：用于循环电解液。

（7）洗泥机：用于残极的洗涤。

（8）熔化锅：阴、阳极的熔化。

（9）吊车：用于出装槽及吊运各种物料。

（10）阴极、残极洗极机：洗涤阴极、残极。

（11）铜棒抛光机：用于光亮铜棒。

（12）配极架、卸极架：配极和放置、存储极片。

（13）槽、板模、焊接小勺：用于始极片的制作、焊接。

（14）吊起架、钢绳、平车、挂钩：运输、吊运物料。

（15）高低位池：用于存储电解液及电解液循环。

完整的极板作业机组主要包括阳极板准备机组、阴极板制备机组、电铜洗涤堆垛机组、残极洗涤堆垛机组、导电棒贮运机组和专用吊车等。

循环系统的主要设备有循环液贮槽、高位槽、供液管道、换热器和过滤设备等。现代铜精炼厂多采用钛列管或钛板加热器。

电解车间还配有：阴极、残极洗极机，洗泥机，极板加工设备，泥浆泵等配套设备。

5.3.2 实训流程

铜电解精炼通常包括阳极加工、始极片制作、电解、净液及阳极泥处理等工序，其一般的工艺流程如图5-2所示。在改进的永久性阴极工艺中，免去了始极片的制作。

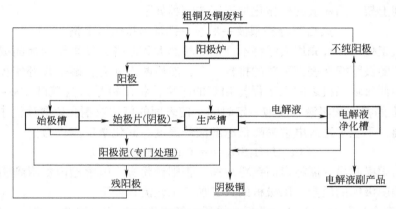

图5-2 铜电解精炼工艺流程

5.4 实训步骤

5.4.1 极板加工及制作

5.4.1.1 阳极板加工

阳极分为大耳阳极和小耳阳极，如图5-3所示。大中型工厂采用大耳阳极，小型工厂多采用小耳阳极。

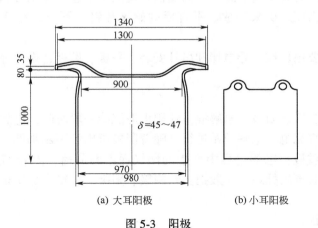

(a) 大耳阳极　　　　(b) 小耳阳极

图5-3 阳极

阳极的外观应满足以下要求：

(1) 每块阳极板厚薄均匀，重量误差有一定范围；

(2) 板面突出物高度及面积、气孔大小及面积、飞边毛刺高度等受到限制；

(3) 板面有一定的平直度；

(4) 板面无夹渣，极板耳部无夹层。

阳极加工处理有机械和人工处理两种情况，国内外一些先进的工厂阳极加工处理主要靠阳极整形机组来完成。阳极整形机组完成的作业包括平板、铣耳、排板上架几个部分。为了使阳极在电解槽内保持垂直，先将整个阳极板压平，再用铣耳机将不规则的阳极耳部用鼓形回转刀具，把耳子底面切削成半圆形或平面，圆心在阳极板中心线上，铣耳工作完毕后即可排列上架。阳极板的机械化加工工艺流程如下：

火法产合格阳极→平板→铣耳→排板→上槽

阳极的人工处理，首先用大锤将不规则的耳部大致砸齐，使耳子与板面成一条线，再使阳极按规定的极距摆在表面平整的排板架上，然后两人配合，砸平耳部使板面垂直，铲掉飞边毛刺，使每块阳极之间上下保持相等的距离，将阳极吊入含硫酸 $100 \sim 200 g/L$、温度在 $60 \, ℃$ 以上的稀硫酸溶液中浸泡一定时间，使表面的氧化亚铜在硫酸溶液中除掉，同时使阳极板升温，不至于进入电解槽降低电解液的温度。其化学反应式为：

$$Cu_2O + H_2SO_4 \Longrightarrow Cu + CuSO_4 + H_2O$$

经泡洗的阳极起吊后需将表面铜粉冲净，否则铜粉进入电解槽内黏附到阴极上形成铜粉疙瘩，影响阴极铜的质量。阳极板的人工加工工艺流程如下：

火法产合格阳极→平耳、平板→排板→铲去飞边毛刺→泡洗、冲洗→装槽

5.4.1.2　始极片制作

铜电解阴极，通常称为始极片。始极片用纯铜薄片制成，在种板槽中生产（以钛板、轧制铜板或不锈钢板作为阴极，粗铜作为阳极，进行电解）。钛种板下槽之前要进行加工处理，加工处理后的种板装入种板槽中，经过 $12 \sim 24h$ 的电解，可产出始极片。从种板上剥离下来的始极片，需要经过剪切、压纹、钉耳、穿铜棒等阴极制作过程。阴极的制作有半机械化和机械化两种方式。半机械化加工的始极片平直。从种板剥离下来的始极片是不平的，下到电解槽内容易引起短路，因而始极片应加工平直。加工方法是在始极片上加纵向或横向筋，加筋由压纹机来完成。平直后的始极片钉上耳子，穿好铜棒，整理后方可下槽。

机械化加工主要由压纹、导电棒和吊耳安装、平板、翻板、排板等工序组成。

5.4.2　出装槽

电解槽内装好阴极、阳极、电解液，让阳极泥沉淀一段时间，电解槽内技术条件稳定以后，就可以通入直流电，电解开始进行。随着阴极析出物不断加厚，变成阴极铜；阳极不断溶解逐渐变成残极；电解过程中产生的阳极泥不断脱落，随着槽底阳极泥层越来越厚，到一定时间就要更新处理。一般把更新阴极、阳极，获得产品阴极铜，刷洗电解槽等操作称为出装作业。

出装槽作业规程：

（1）按规定穿戴好劳动防护用品。

（2）先检查设备是否运转正常，如不正常，要及时处理或向上级汇报。

（3）横电：采用人工横电板横电作业，首先确认需进行出装作业的电解槽，擦净导电板与横电板接触部位，再横电。采用短路器断电时，首先确认需进行出装作业的电解槽列（组），按照操作规程进行断电，并进行安全确认。

（4）出单极：将阴极铜用吊车吊出送往烫洗槽或阴极铜洗涤机组中烫洗；擦净接触点，装入加工好的阴极，找好排列。

（5）出两极：先出阴极，再出阳极（残极）。大极板作业的专用吊车可将阴阳极同时吊出。

（6）出槽残极要在残极冲洗槽内或残极机组中冲洗净表面阳极泥后，返火法系统。

（7）两极出完的电解槽进行刷槽作业（两极的作业中，出完阴极后即可拔小堵放液。把上层清洁的电解液放回到集液槽中继续参加电解液的循环。两极都出完后，堵上小堵，然后拔下大堵放出阳极泥，经阳极泥溜槽流至阳极泥地坑。掉到槽底的铜疙瘩、残极片等铜料要单独清理出来，槽底的阳极泥用电解液或清水冲净，最后堵上大堵。堵大小堵之前，要求各堵的胶圈完好，堵严不漏液。上述作业称为刷槽。），把槽间导电板用钢丝刷刷洗干净，把橡胶板上的铜粒和其他脏物清理干净，擦净接触点。

（8）装入加工好的阳极和阴极，先装阳极，找好阳极极距，然后照大耳，用手电筒照明，逐片检查阳极排列上下距离是否相等，对上、下距离不相等的阳极用卷好的铜垫将其耳部垫上，使阳极上、下距离相等。阳极装好后再装阴极，找好排列，使阴、阳极板面对齐。找好排列，打开循环装入电解液。

（9）出装完电解槽后按照操作规程拆除横电板或进行短路通电操作。

（10）在出装槽的同时，做好停、送电及相关事项记录工作。

（11）整理好现场卫生。

5.4.3 电解液循环操作

电解液的循环，对溶液起到搅拌作用，消除电解精炼过程中产生的电极极化和浓差极化，使电解槽中各部位电解液的成分趋于一致，并将热量和添加剂传递到电解槽中。

循环量的大小与阳极板的成分、电流密度、电解槽的容积及电解液的温度有关。阳极的杂质含量高，阳极泥量大，循环量应控制得较小，以免将阳极泥搅起后黏附在阴极上，造成长粒子，但循环量过小，则传递热量和添加剂的效果不好。

每槽循环量一般为 $18\sim25\mathrm{L/min}$。

电解液循环岗位技术操作规程：

（1）认真取样、分析、检测电解液的 H_2SO_4、Cu^{2+}、杂质离子浓度，并根据化验结果进行补液、补酸来调整电解液的组成，把电解液控制在生产技术条件要求的范围内。

（2）按规定时间测量电解槽中电解液的温度。

（3）随时观察循环大泵的运转情况、生产气压等，保证生产设备的正常运行。

（4）随时调整缓冲槽出口阀门，避免集液槽抽空和冒罐。

（5）勤检查加热器的回水情况，发现回水发绿时及时处理。

（6）当突然停电、停气时，应先关闭加热器出口阀门，然后关闭循环大泵的进、出口阀门；当停某跨循环时，应当先关闭缓冲槽的该跨出口阀门，并注意集液槽的体积平衡。

（7）按生产记录项目如实认真填写生产记录，本班特殊生产情况必须向下班交代清楚，并写入记录，记录本不得乱撕乱画。

开、停循环操作：

（1）循环泵开车作业：

1）按规定穿戴好劳动防护用品。

2）检查泵体各部件、管道阀门是否正常，发现不正常要及时处理。

3）检查槽内液位，液位必须高于泵叶轮中心线。

4）手动盘车，确认运转灵活。

5）关闭泵出口阀门。

6）检查电源、停止指示灯等是否正常。

7）点动启动开关，观察有无异常声音，观察泵运转方向，按下停止按钮。开启电动机，泵正常运转，电源盘运转灯亮，停止灯灭。打开泵溶液出口阀，检查溶液打出是否畅通，管道有无严重泄漏，及时处理故障。

（2）循环泵停车作业：

1）按规定穿戴好劳动防护用品。

2）关闭出口阀，停泵。

3）若停车时间长，应及时打开管道放空阀，放空管内溶液。

5.4.4　槽面操作

（1）检查和调整好循环量。

（2）检查和调整好液温。

（3）检测槽电压。

（4）观察阴极状况，随时掌握添加剂的用量。

（5）保持液面清洁，及时浇水，使接触点干净无硫酸铜。

（6）根据出槽计划，及时提压溜。

注意事项：

（1）上岗人员必须穿戴好劳保用品上岗，上槽时脚要与板面成垂直状态，以防掉入槽内，造成脚部烫伤或摔跤跌伤扭伤腰背。

（2）处理烧板时要注意结粒飞溅伤人。

（3）提阴极板时要保持板面垂直，以防将阳极泥搅起。

（4）触摸极板时谨防热烧板烫伤手掌。

（5）严格把好阴、阳极装槽质量，减少断路和短路现象的产生。

5.4.5　电解液的成分及温度调整

5.4.5.1　电解液的成分调整

铜电解精炼所用的电解液为硫酸和硫酸铜组成的水溶液。这种溶液导电性好，挥发性小，且比较稳定，使电解过程可以在较高的温度和酸度下进行。由于电解精炼所处理的阳极铜中含有多种可溶或不可溶的杂质，因而实际生产所使用的电解液中总会有一定浓度的砷、锑、铋、镍、铁、锌等杂质离子，以及漂浮阳极泥粒子。为了满足一定质量要求的阴极铜产品的生产，通常对电解液的成分都有一定的要求或控制。

在电解生产过程中，必须根据各种具体条件来控制电解液的铜含量使其处于规定范围。在定期定量地抽出电解液进行净化的基础上，电解液成分与阳极成分、电流密度等电解的技术条件有关，也与对阴极铜的质量要求有关。

(1) 电解液成分：$CuSO_4$ 形态的铜为 35~55g/L、H_2SO_4 100~200g/L。对于大多数生产高纯阴极铜（Cu-CATH-1）的工厂，还需控制其他杂质的质量浓度范围，如砷小于7g/L、锑小于0.7g/L、铋小于0.5g/L、镍小于20g/L等。

(2) 电解液铜含量逐渐贫化，为维持正常的电解生产，必须定期向电解液中加入硫酸铜结晶体，以补充溶液中铜离子浓度的不足；反之，如阳极铜的主品位（含铜）很高，杂质含量较低，则会使阴极电流效率低于阳极电流效率，使电解液中铜离子逐渐累积，必须根据各种具体条件来控制电解液的铜含量，使其处于规定范围。在定期定量地抽出电解液进行净化的基础上，如发现电解液中的铜含量仍有不断上升的趋势，则必须考虑采取适当降低电解液的温度、提高电流密度、开设或增加电解槽列中的脱铜槽等措施。（脱铜槽是在该电解液的循环系统中设置的一定数量的电极槽，把按 Cu^{2+} 积累速度计算确定的一定数量的电解液放入其中，以铅基合金板作为阳极，以普通始极片作为阴极，在高于硫酸铜分解电压的槽电压下将电解液中的硫酸铜分解，在阴极上析出阴极铜，以达到降低循环系统中电解液铜含量的目的）。

(3) 添加剂成分控制。为了防止阴极铜表面上生成疙瘩和树枝状结晶，以制取结晶致密和表面光滑的阴极铜产品，电解液中还需要加入胶体物质和其他表面活性物质，如明胶、硫脲等。但这些物质的加入，增加了电解液的黏度，其加入的数量应视各厂的具体生产条件而定。

1) 动物胶：动物胶是铜电解精炼过程中的主要添加剂，它能细化结晶，改善阴极表面的物理状态。动物胶一般加入量为25~50g/t，加入量过多时，电解液的电阻增大，阴极铜分层、质脆。

2) 硫脲：硫脲是一种表面活性物质，单独使用时作用不明显，通常与动物胶混合使用，能促使阴极铜表面细化、光滑、质地致密。硫脲一般加入量为 20~50g/t。

3) 干酪素：干酪素与动物胶混合使用，能抑制阴极表面粒子的生长和改变粒子的形状等。干酪素一般用量为 15~40g/t。

4) 盐酸：盐酸可维持电解液中氯离子的含量。电解液中的氯离子可以使溶入电解液中的铅、银离子生成沉淀，同时还可以防止阳极钝化、阴极产生树枝状结晶。但氯离子过多时，阴极上会产生针状结晶。盐酸的一般用量为 300~50mL/t。

5.4.5.2 电解液的温度调整

提高电解液的温度，有利于降低电解液的黏度，使漂浮的阳极泥容易沉降，增加各种离子的扩散速度，减小电解液的电阻，从而提高电解液的电导率、降低电解槽的电压、消除阴极附近铜离子的严重贫化现象，从而使铜在阴极上能均匀地析出，并防止杂质在阴极上放电。

但过高的电解液温度也会给电解生产带来不利的影响：

（1）温度升高，添加剂明胶和硫脲的分解速度加快，使添加剂的消耗量增加。

（2）温度升高，电解反应有利于向着生成 Cu^{2+} 的方向移动，从而使电解液中的铜浓度上升，同时也加剧了铜在电解液中的化学溶解，使电解液中的铜浓度更进一步地提高。

（3）温度升高，电解液的蒸发损失增大，会使车间的劳动条件恶化，同时增加蒸汽的消耗。

目前，一般保持电解液的温度为 58~65℃。

5.4.6　电解液净化

5.4.6.1　电解液净化方法

在电解过程中，电解液中逐渐富集了镍、砷、锑、铋等大量的杂质，添加剂的分解产物不断积累，给电解生产带来很多不利因素，为此每天必须抽出一定数量的电解液进行净化处理。通常铜电解液的净化工序由以下几部分组成：

（1）电积脱铜。一方面，在电解过程中，电解液中的铜离子浓度不断升高，需要抽出一部分电解液送净化脱铜使电解液的铜离子控制在技术条件范围内；另一方面，为了实现铜、镍分离，需要先将废电解液内的铜脱去。脱铜槽内阳极采用铅板，阴极采用铜始极片，通过直流电后发生电化学反应。

阴极反应式为：

$$Cu^{2+}+2e === Cu$$

阳极反应式为：

$$H_2O-2e === \frac{1}{2}O_2+2H^+$$

（2）电热蒸发脱镍。电热蒸发法是用三根石墨电极插入装有溶液的浓缩槽中，电源装置输出较高的电流到电极，通过溶液自身的电阻产生热使溶液沸腾，从而浓缩溶液。浓缩液经过水冷结晶槽冷却，真空吸滤后得到粗硫酸镍产品，使电解液中的镍被脱除。

（3）中和法生产硫酸铜。中和原理是在盛有电解液、铜皮、铜屑、铜残极的中和槽中鼓入空气，通入蒸汽加热，发生如下反应：

$$2Cu+2H_2SO_4+O_2 === 2CuSO_4+2H_2O$$

经过一段时间的溶解，铜离子的浓度及酸的浓度达到标准后，即可装入结晶槽冷却结晶，再经过离心过滤，得到结晶硫酸铜。

（4）真空蒸发浓缩。真空蒸发是利用低压下溶液的沸点降低的原理，用较少的蒸汽蒸发大量的水分。经过真空蒸发后的溶液，进行水冷结晶，然后再进行离心分离得到硫酸铜结晶。

5.4.6.2　净化后液的质量标准

电积脱铜终液铜的质量浓度小于 0.5g/L，可以返回电解系统或者进入下一道净化工序除杂。电热蒸发后液的酸度不小于 100g/L，脱镍后返回电解系统补酸。

5.5 故障与处理

5.5.1 短路、断路、漏电检查

5.5.1.1 短路检查

短路即阳极与阴极直接接触，特征是阴极棒发热，产生原因是由于两极不平整或阴极长粒子，使阴阳两极接触。短路的危害是降低电流效率。用短路检测器检查，发现短路时，应立即将阴极提起，敲打掉粒子或矫正板面，消除短路。

5.5.1.2 断路检查

断路即电路不通，电极无电流通过，阴极无铜析出，反而会有铜化学溶解，颜色变黑，特导电棒发凉。断路产生原因是由于两极不平整或阴极长粒子，使阴阳两极接触。断路危害是降低电流效率。

5.5.1.3 漏电检查

电流不按阳极、电解液、阴极的顺序流过，不起电化作用而消耗电能的现象称为漏电。漏电有导电板、电解槽对地漏电，电解槽内衬带电等。漏电会使电流效率降低、损坏设备，甚至引发火灾，故需要用专门的检测设备经常检查，并加强电解槽系统的绝缘。

5.5.2 阴极析出物成海绵铜状

发生故障原因。电解槽导流板损坏，使槽内电解液成分、温度、添加剂含量等不均匀，导流板损坏以下部位的槽内电解液含铜贫化严重；长时间循环量过小或中断，使槽内电解液铜离子贫化严重等。

处理措施。放液后检查导流板是否损坏，若损坏应及时停槽进行修补；加强管理，调整循环量，严格按技术条件进行控制。

5.5.3 阴极铜两边厚薄不均

发生故障原因：主要是槽内阴阳极不对正，排列不齐，导致阴极一边边缘离阳极的边缘太近，电力线集中而形成厚边，另一边边缘则偏离阳极太远而电力线稀疏而形成薄边。

处理措施：在出装作业过程中加强操作，使新下槽的阴阳极对正、排列整齐，在处理短路（烧板）作业中提出的阴极板下槽后要找好排列，确保阴极的析出均匀。

5.5.4 电解过程中的短路（烧板）

发生故障原因。在电解生产过程中，出于种种原因，使阴、阳极接触产生短路。短路会使电流效率降低，电耗升高，影响阴极析出质量。烧板有热烧板和凉烧板之分。热烧板的阴极通过的电流大，放热多，阴极导电棒温度较高；凉烧板的阴极由于无电流通过或通过的电流很小，阴极导电棒的温度低。

处理措施。加强槽面管理，采取手摸或短路检测仪表（如干簧管、红外线扫描器等）

及时发现极间短路，予以处理。处理时要将短路的阴极轻轻提出，视情况采取不同方法进行处理。若是因长疙瘩引起短路，则需要用手锤将疙瘩打掉；若是由于阴极弯曲所致，则需将其平直后放入槽中；如果是因阳极倾斜，则需用手锤敲打耳部下矫正位置；若是因接触不良，则需擦净接触点，使其导电良好。

5.5.5　阴极铜板面出现麻孔

发生故障原因。由于电解液循环量过小，导致集液槽、高位槽液面太低，使整个电解液处于翻腾状态，带入大量气体；或加热器铁板片产生泄漏，使大量蒸汽通过加热器钛板片进入电解液内，电解液夹杂大量气泡；或泵密封不严，在抽入电解液的同时，将空气抽入电解液内，造成阴极铜板面出现麻孔。

处理措施。1）保持集液槽、高位槽中液体体积，防止体积过少。2）勤于观察，一旦发现阴极表面产生气孔，立即检查板式换热器回水，如回水窜酸，则表明换热器钛板片有泄漏现象，停掉泄漏的换热器，更换已坏的钛板片。3）搞好泵的密封，定期清理酸泵的底阀，防止堵塞，保证泵的上液量正常。

5.5.6　阴极断耳

发生故障原因。一是阴极吊耳存在铜皮柔韧性差、过薄等问题；二是在阴极电解周期内电解液的液面高度控制不当，未能使阴极吊耳与板面连接牢固，或液面始终处于一个高度，一方面使耳部的厚度偏差过大而发生折断，另一方面是液面临界处的铜吊耳被腐蚀变薄而折断；三是由于吊耳尺寸过窄，不能承受阴极的重量而断裂。

处理措施。选择厚度适中、柔韧性好的铜皮作为吊耳；在阴极的电解周期内合理调整电解液液面高度，使阴极吊耳与板面连接牢固；选择与阴极重量相匹配的吊耳宽度等。

5.5.7　注意事项

（1）本实训为生产性实训，实训过程中应严格遵守岗位的安全规程、设备规程、技术规程，严禁违章操作。

（2）本实训为连续生产，应严格遵守交接班的有关规定，认真填写相关记录。

5.6　实训报告要求

（1）铜电解出装槽操作要点有哪些？

（2）铜电解正常操作要点有哪些？

（3）铜电解常见故障及处理措施有哪些？

6 铅电解精炼实训

6.1 实训目的与任务

（1）按照铅电解的阳极加工、阴极制作、出装槽、电解液循环、电解液的成分及温度调整、极距的控制、电解液净化、故障判断与处理相关安全规程、设备规程、技术规程的要求，掌握原料准备、装槽、生产、故障判断与处理操作技能。

（2）按照湿法冶炼的进料、冶炼、产出产品相关安全规程、设备规程、技术规程的要求，掌握进料、冶炼、产出操作技能。

任务：

（1）能按要求准备好铅电解所需材料。

（2）能按要求进行出装槽。

（3）能按要求进行电解液循环、成分及温度调整、净化操作。

（4）能按要求进行电解生产操作。

（5）能做好进料前的准备工作。

（6）能按有关采样规程采集原料、辅料样品。

（7）能按安全技术操作规程进行作业。

（8）能读懂各种仪表显示数据。

（9）能填写各种生产原始记录。

（10）能正确进行设备的开、停机作业。

（11）能填写设备运行记录。

（12）能正确使用生产现场安全消防及环保等设备设施。

（13）能按技术操作规程进行产品产出作业。

（14）能按有关采样规程采集产出样品。

6.2 实训原理

铅电解精炼时，可视为下列化学系统：

$$Pb_{(纯)} \mid PbSiF_6, H_2SiF_6, H_2O \mid Pb_{(粗)}$$

电解液各组分在溶液中离解为 Pb^{2+}、SiF^{2-}、H^+、OH^-。

利用铅与杂质的电位差异，通入直流电，阳极板上的粗铅发生电化学溶解，阴极附近的铅离子在阴极上电化析出。贵金属和部分杂质进入阳极泥，大部分杂质则以离子形态保留在电解液中，从而实现了铅与杂质的分离。粗铅被提纯为阴极铅的过程（精炼的过程）：

$$Pb（粗铅）\longrightarrow Pb'（阴极铅）$$

6.3　实训设备及流程

6.3.1　实训设备

6.3.1.1　电解槽

铅电解槽大多为钢筋混凝土单个预制，壁厚 80mm，长度为 2~3.8m。依据每槽极板片数和极间距离，两端各留 80~100mm 的距离为进出液用。槽宽视阴极宽度，两边各留 50~80mm 的空余，以利于电解液循环，槽宽度 700~1000mm。槽深度取决于阴极长度和阴极下沿距槽底高度，后者一般为 200~400mm，它影响掏槽周期。槽总深度为 1000~1400mm。现广泛采用单体式电解槽，其结构如图 6-1 所示。

电解槽的防腐衬过去多为沥青胶泥，现在则为 5mm 厚的软聚氯乙烯塑料。电解槽寿命可达 50 年以上，关键是制作要保证质量，使用时要精心维护、及时修理。

还有整体注塑成型的聚乙烯塑料槽，厚 5mm，以它作为浇制钢筋混凝土槽体的内模板浇灌混凝土，经养护脱模后，即成为外部是钢筋混凝土、内部是整体防腐衬里的电解槽。这种电解槽只要施工方法合理，焊缝紧密无气孔和夹渣，衬里可使用 8 年以上，维修也较简单。

电解槽的配置是槽与槽之间电路串联连接，槽内极间并联连接。有的工厂把 8~16 个槽组成一列，也有把全部槽分成两列或四列，这要依据厂房的长宽而定。槽高度最好保证槽底距地面 1.8~2.0m，以便于检查槽是否漏液和及时修理，同时便于槽下设置贮液槽。

6.3.1.2　电解槽电路连接

电解槽的电路连接，一般采用复联法，即每个电解槽内的全部阳极（比阴极少一块）并列相连，全部阴极（通常为 30~40 块）也并列相连，而槽与槽之间则为串联连接。

6.3.1.3　电解液循环系统设备

电解生产过程中，电解液必须不断地循环流通。在循环流通时：一是补充热量，以维持电解液具有必要的温度；二是经过过滤，滤除电解液中所含的悬浮物，以保持电解液的清洁度。电解液循环系统如图 6-2 所示。

循环系统的主要设备有循环液贮槽、高位槽、供液管道、换热器和过滤设备等。

集液槽：从电解槽流出的电解液通过溜槽流入集液槽，稍加停留，以便悬浮的固体物质沉淀下来，然后用酸泵送至高位槽，经过管道送入分配槽再进入电解槽中。

高位槽：电解液在此停留 3~5min，达到混合均匀并降温的目的。

分配槽：设在电解槽的进液端，电解液经溜口或虹吸管送入电解槽中。

泵：通常用立式离心泵。

6.3.1.4　铅电解精炼配套设备

为满足生产需要，除上述设备外，电解车间还配有：阴极、残极洗极机、洗泥机、极板加工设备、泥浆泵等配套设备。

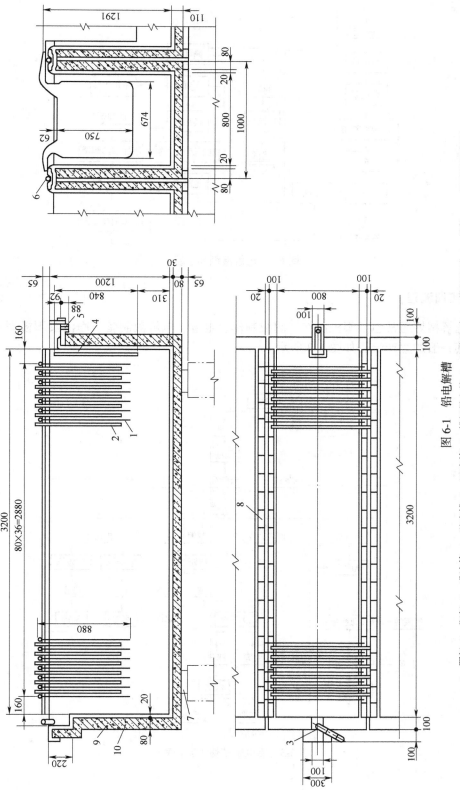

图 6-1 铅电解槽

1—阴极；2—阳极；3—进液管；4—溢流槽；5—回液管；6—槽间导电棒；7—绝缘瓷砖；8—槽间瓷砖；9—槽体；10—沥青胶泥衬里

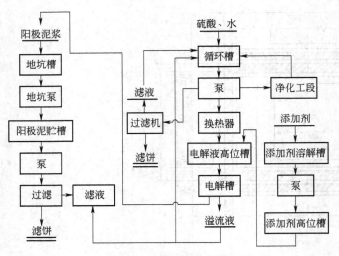

图 6-2　电解液循环系统

6.3.2　实训流程

　　铅电解精炼通常包括阳极制作、阴极制作、电解、电解液制备、净液及阳极泥处理等工序。其一般的生产流程如图 6-3 所示。

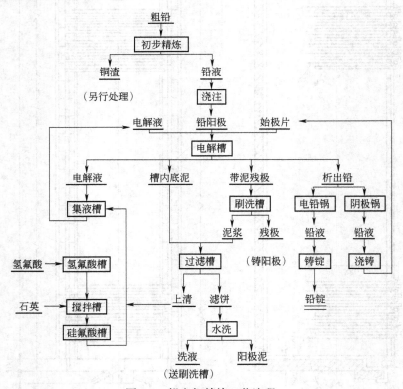

图 6-3　铅电解精炼工艺流程

6.4 实训步骤

6.4.1 阳极制作及加工

铅阳极制作工艺流程如图6-4所示。

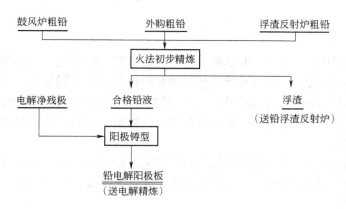

图 6-4 铅阳极制作工艺流程

铅电解精炼除了对阳极板的化学成分有一定要求外，同时对阳极板的物理规格也有严格要求。因此阳极在装入电解槽以前，要求经过清理和平整，并去掉飞边毛刺，表面平整光滑，无任何夹杂物及氧化铅渣，也不可有凸凹不平和歪斜之处，尤其对于阳极挂耳和导电棒接触的地方要注意平滑，以便在装入电解槽以后，阳极和导电棒有较大的接触面积，减小接触电阻。

为了消除电解过程中因阴极边缘电力线较为密集而产生的阴极厚边或瘤状结晶，阳极外形尺寸比相应的阴极尺寸小些，一般长度短 20~40mm，宽度窄 40~60mm。阳极尺寸范围较大，长 740~920mm，宽 640~760mm，厚 20~25mm，重量为 65~200kg。

6.4.2 阴极制备

阴极是用合格的析出铅或电铅铸成，它是在电解精炼中作为阴极，并使电解液中的铅离子在其表面析出的基底薄片，故又称为始极片。

根据铅电解的特点，始极片要比阳极稍大一些，一般长为 900~1300mm，宽 670~800mm，厚 1~2mm，重量为 11~13kg。

阴极制片原来用铸模板手工制作，因其主要缺点是劳动生产率低，劳动强度大，只有一些小厂还在应用。目前国内大部分铅厂都采用自动连续铸片机生产阴极始极片，它可连续完成制片、剪切、压合、平板、排板、装棒等操作。机械化生产的阴极始极片重量是手工生产的 2~3 倍，完全消除了析出铅掉极的现象。该机组在制片过程中，对始极片进行了压纹处理，其刚度变好，在排板、吊运和入槽后仍保持其平直状态，有利于电调操作工的操作，有利于改善技术经济指标。某铅厂始极片的化学成分（%）：$w(Pb) \geqslant 99.994$，$w(Cu) \leqslant 0.001$，$w(Ag) \leqslant 0.0005$，$w(Bi) \leqslant 0.003$。始极片物理质量要求：表面平直无开口、无孔洞、无卷角；表面光滑不带渣，切口折好包紧；阴极导电棒光亮平直，不粘谷壳；每片上下宽窄相等，厚薄均匀，重量符合要求。

始极片制造还包括光棒，即要光洁阴极导电棒。将阴极导电棒装入光棒机，同时加入稻谷粗壳和浓度为20%的稀硫酸，转动光棒桶，桶中棒与稻壳互相擦洗，转动结束后，筛去稻壳，阴极导电棒表面的污垢被清除干净变得光亮，从而获得良好的导电性能。

6.4.3　出装槽

电解槽内装好阴极、阳极、电解液，让阳极泥沉淀一段时间，电解槽内技术条件稳定以后，就可以通入直流电，电解开始进行。随着阴极析出物不断加厚，变成阴极铅；阳极不断溶解逐渐变成残极；电解过程中产生的阳极泥不断脱落，随着槽底阳极泥层越来越厚，到一定时间就要更新处理。一般把更新阴极、阳极，获得产品阴极铅，刷洗电解槽等操作称为出装作业。

在出槽时，通过行车用特制的吊架先将整槽阴极析出铅吊出，送往洗涤槽洗涤，然后将残极吊出，送残极刷洗槽用刷洗机洗刷。为了防止阳极泥污染析出铅，出槽一定要先出析出铅，后出残极。

6.4.4　电解液循环操作

电解液的循环对溶液起到搅拌作用，消除电解精炼过程中产生的电极极化和浓差极化使电解槽中各部位电解液的成分趋于一致，并将热量和添加剂传递到电解槽中。

电解液循环方法按电解槽排列布置不同可分为单级循环和多级循环。

（1）单级循环：电解液由高位槽分别流经布置在同一个水平面的每个电解槽后，汇集流回循环槽。采用该循环方法的优点是操作和管理比较方便，阴极铅质量均匀，应用非常广泛。

（2）多级循环：利用每一级槽中的位差，电解液由高位槽先后流经每一级槽，再流回循环槽。该循环方法的优点：电解槽布置紧凑，占地少，管道短，酸泵流量小，能耗低；缺点：上下级槽内电解液温度和浓度不一致，质量难以控制，目前基本上不采用。

就单个电解槽而言，电解液循环方式可分为上进液下出液，下进液上出液。

循环量的大小与阳极板的成分、电流密度、电解槽的容积及电解液的温度有关。阳极的杂质含量高，阳极泥量大，循环量应控制较小，以免将阳极泥搅起后黏附在阴极上，造成长粒子，但循环量过小，传递热量和添加剂的效果不好。

每槽循环量一般为18~25L/min。

电解液循环岗位技术操作规程：

（1）认真取样分析检测电解液的H_2SO_4、Pb^{2+}、杂质离子浓度，并根据化验结果进行补液、补酸来调整电解液的组成，将电解液控制在生产技术条件要求的范围内。

（2）按规定时间测量电解槽中电解液的温度。

（3）随时观察循环大泵的运转情况、生产气压等，保证生产设备的正常运行。

（4）随时调整缓冲槽出口阀门，避免集液槽抽空和冒罐。

（5）勤检查加热器的回水情况，发现回水发绿时及时处理。

（6）当突然停电、停气时，应先关闭加热器出口阀门，然后关闭循环大泵的进出口阀门。当停某跨循环时，应当先关闭缓冲槽的该跨出口阀门，并注意集液槽的体积平衡。

（7）按生产记录项目如实认真填写生产记录，本班特殊生产情况必须向下班交代清楚，并写入记录，记录本不得乱撕乱画。

6.5 故障判断与处理

6.5.1 判断并处理异常结晶

阴极析出物异常结晶形成的原因及其预防和处理措施如下：

阴极析出物异常结晶主要表现为阴极表面结晶呈海绵状，疏松粗糙且发黑，常呈树枝状毛刺或呈圆头粒状、瘤状的疙瘩等。主要产生原因及处理措施如下：

（1）适当地提高电解液中铅离子及游离硅氟酸的浓度，使铅、酸浓度成比例增减，尽量避免电解液成分剧烈波动，铅离子浓度过高会使阴极结晶粗糙，过低则阴极表面结晶呈海绵状，而且随电流密度的增大而加剧，造成阴极海绵状结晶疏松、多孔，极易脱落，在一般生产中铅离子的质量浓度控制在 50~120g/L 为宜。当电解液中游离硅氟酸太低时，也会恶化阴极结晶条件，产生海绵状结晶。因此，生产中游离硅氟酸的质量浓度一般控制在 80~120g/L。

（2）控制杂质金属的浓度，使之尽可能降低。

（3）加入添加剂。这是控制阴极结晶形态的最重要因素，加入胶质添加剂能大大改善阴极结晶状态。

（4）适当加大电解液循环量，使其达到每槽 30 L/min。提高电解液的循环速度要以不引起阳极泥的脱落或悬浮为原则：电解液由于重力作用，其成分易发生分层现象，造成浓差极化，因而造成电解槽下部的阴极结晶比上部粗糙。为消除这种不均匀性，必须加大电解液循环，以消除分层现象。在生产中电解液循环量每槽一般控制在 20~40 L/min。

（5）控制合适的电解液温度。提高电解液温度有利于阳极均匀溶解和阴极均匀析出，温度升高，会使析出铅发软，酸耗增大；电解液温度过低，使析出铅表面结晶粗糙，槽电压升高，电耗增大。因此，在生产中一般将温度控制在 35~50℃。

（6）加强管理，严格按技术操作规程进行操作。

确保阴极析出铅外观质量不出现异常现象的预防措施如下：

及时观察了解析出铅的表面结晶状况，根据结晶状况，及时调整添加剂用量并注意添加剂的质量变化情况。电解技术条件如温度、电流密度等发生变化时，添加剂用量应做相应调整。了解电解液循环情况，发现电解液循环停止或循环量减少及电解液分层，应及时处理。电解液成分变化主要是电解液铅离子浓度偏低（小于 50 g/L）时，易引起结晶的迅速恶化，应提高铅离子浓度。安装阴极极化电位测定装置，根据极化电位调整添加剂用量以控制阴极表面晶形。

6.5.2 电解液分层

在铅电解过程中出现析出铅长毛、发黑、发软，并伴有气泡和臭味发生，电解液循环流动不正常即为电解液分层。

造成铅电解电解液分层的原因和处理措施如下：

（1）主要原因。流量不足；溜口堵死；半圆管堵死或下沉。

（2）处理措施。打开溜口，掏出堵物，升起半圆管，调整好流量，然后用胶管插入半圆管内虹吸电解液，插入深度为酸液深度的三分之二以上，但不能带泥。吸出酸液的流速与进入槽内的酸液流速基本相等，待不用胶管时，液面平稳不从下酸口溢出酸液时即可。虹吸时应注意高度，防止放炮发生。另外，适当加大溜口酸液循环量，加快循环速度。

确保铅电解过程中电解液不分层的预防措施如下：

经常检查电解槽溜口的酸液循环量情况，发现溜口的酸液流量偏小，应及时给予调整；经常检查电解槽半圆管完好情况，发现半圆管堵死或下沉应及时给予处理。

6.5.3　电解过程阳极掉极和掉泥

正常电解生产时阳极具有一定的强度，悬挂在电解槽中参加电解，阳极泥具有一定的强度黏附在阳极表面上。

在铅电解过程中出现阳极由于强度不够终止参加电解过程，或阳极上形成的阳极泥由于强度不够掉入电解槽内的现象称为电解阳极掉极和掉泥。

6.5.3.1　阳极掉极和掉泥的原因

电解阳极掉极和掉泥的原因：阳极板的厚度不够或厚薄不均匀，电解电流密度计划不准确；阳极板中杂质含量太高；阳极板中砷、锑含量偏低，导致阳极泥附在阳极上的强度不够。

6.5.3.2　阳极掉极和掉泥的处理措施

掉入槽内的残极要及时捞出，在捞取掉极的残极时要注意堵好溜口，且让电解液沉淀一定的时间。掉极、掉泥严重的槽，装完槽后须通电 4 h 后才能打开溜口。掉泥严重，而且污染电解液严重时，可以停止电解液循环 8h 至 16 h，让电解液进行沉淀。另一个方法就是对电解液进行过滤，过滤材料可用玻璃丝、木炭、锯末屑或活性炭等。

6.5.3.3　确保铅电解过程中阳极不掉极和不掉泥的预防措施

严格验收阳极物理规格质量，不合格的坚决不装槽，调整好阴、阳极的距离。控制阳极板锑含量在 0.4%～1.2%之间，可确保阳极泥的强度不掉泥。残极洗刷槽要装满二次水后才能开车刷洗，并且要洗刷干净，残极机槽每班工作完后，要将槽内的阳极泥冲洗干净，严禁使用到周期残极生产中。经常检查，发现问题及时处理。

6.5.4　电解过程中的短路和烧板

正常铅电解生产时直流电的作用在于使阳极铅均匀溶解和铅在阴极的均匀沉积，槽面温度基本均匀稳定正常。

6.5.4.1　造成铅电解过程中短路和烧板的原因和处理措施

所谓短路就是阴阳极直接接触，该片极板比正常极板的温度要高很多；处理方法：提出阴极，去掉短路处毛刺、疙瘩，敲打平直再放入，同时注意不要接触阳极。

烧板分冷烧板和热烧板，冷烧板为不导电，手感温度低于正常阴极温度，提出看时周围有一黑框。处理办法：用砂纸擦亮触点即可。热烧板为接触不好、电阻大，手感温度高；处理办法：一般的用小斧子敲打阴极；严重的则需将铜棒抽出擦净再放入或更换阴极。

6.5.4.2 确保铅电解过程中不短路和不烧板的预防措施

用手摸阴极及阳极大耳，以其冷热程度来判定烧板、断路、短路，并做好记录。处理短路时，将该阴极提出，用小斧头打去短路处的疙瘩，或敲平弯曲凸角。用砂纸擦清阴极与导电棒的接触点。

处理热烧板时，用小斧头敲打阴极铜棒，使其接触良好，或将铜棒抽出，用砂纸擦亮。若阴极表面有严重疙瘩或烧板，阳极有掉极趋势等情况，要及时更换。换出的析出铅要洗净阳极泥，整齐码放在规定位置。提出的残极洗净后，送到残极槽处。换出的铜棒要放入指定位置。提出有烧板或短路的阴极时，要稳、轻、正，不要碰撞阳极，以免污染电解液。检查溜口处电解液流量，如过大或过小，要通知酸泵调节（或烙油工处理），如发现分层，必须当班处理。

6.6 实训注意事项

（1）本实训为生产性实训，实训过程中应严格遵守岗位的安全规程、设备规程、技术规程，严禁违章操作。

（2）本实训为连续生产，应严格遵守交接班的有关规定，认真填写相关记录。

6.7 实训报告要求

（1）铅电解出装槽操作要点有哪些？

（2）铅电解正常操作要点有哪些？

（3）铅电解常见故障及处理措施有哪些？

7 湿法炼锌操作实训

7.1 实训目的与任务

目的：

（1）按照湿法炼锌的浸出金属、液固分离、净化金属溶液、富集金属溶液、提取金属产品生产相关安全规程、设备规程、技术规程的要求，掌握工艺准备、工艺操作技能。

（2）按照湿法冶炼锌的进料、冶炼、产出产品相关安全规程、设备规程、技术规程的要求，掌握进料、冶炼、产出操作技能。

任务：

（1）能按要求准备好浸出金属、液固分离、净化金属溶液、富集金属溶液、提取金属产品所需材料。

（2）能按浸出金属、液固分离、净化金属溶液、富集金属溶液、提取金属产品要求进行系统试运行。

（3）能按浸出金属、液固分离、净化金属溶液、富集金属溶液、提取金属产品方案进行操作。

（4）能做好进料前的准备工作。

（5）能按有关采样规程采集原料、辅料样品。

（6）能按安全技术操作规程进行作业。

（7）能读懂各种仪表显示数据。

（8）能填写各种生产原始记录。

（9）能正确进行设备的开、停机作业。

（10）能填写设备运行记录。

（11）能正确使用生产现场安全消防及环保等设备设施。

（12）能按技术操作规程进行产品放出作业。

（13）能按有关采样规程采集产出样品。

7.2 实训原理

用酸性溶液从氧化锌焙砂或其他物料中浸出锌，锌浸出液经净化后再用电解沉积技术制取金属锌的方法称为湿法炼锌。

湿法炼锌主要工艺过程有硫化锌精矿焙烧、锌焙砂浸出、浸出液净化除杂质、锌电解沉积。

7.2.1 浸出

浸出是从固体物料中溶解一种或几种组分进入溶液的过程。在湿法炼锌生产中，是以稀硫酸（废电解液）作溶剂溶解含锌物料，如焙烧矿、氧化锌尘等。

浸出过程的目的：

（1）使物料中的锌尽可能地全部溶解到浸出液中，得到高浸出率。

（2）使有害杂质尽可能地进入渣中，达到与锌分离的目的。

酸性浸出是最大限度地把原料中锌的化合物溶解使锌进入溶液，而铟极少浸出，同时控制杂质进入溶液。中和除杂是借助水解法除去铁、砷、锑、锗、二氧化硅等杂质，使它们进入浸出渣中。因此，浸出工序具有使锌溶解和除去部分杂质的双重任务。其化学反应式如下：

$$ZnO + H_2SO_4 = ZnSO_4 + H_2O \tag{7-1}$$
$$CaCO_3 + H_2SO_4 = CaSO_4 + CO_2 \uparrow + H_2O \tag{7-2}$$
$$2FeSO_4 + MnO_2 + 2H_2SO_4 = Fe_2(SO_4)_3 + MnSO_4 + 2H_2O \tag{7-3}$$
$$Fe_2(SO_4)_3 + 6H_2O = 2Fe(OH)_3 \downarrow + 3H_2SO_4 \tag{7-4}$$

7.2.1.1 湿法炼锌浸出过程的基本原理

锌焙砂的浸出过程是焙烧矿氧化物的稀硫酸溶解和硫酸盐的水溶解过程。Zn、Cu、Fe、Co、Ni 和 Cd 的氧化物均能有效地溶解，而 CaO 和 PbO 则生成难溶的硫酸盐沉淀。

$$CaO + H_2SO_4 = CaSO_4 \downarrow + H_2O$$
$$PbO + H_2SO_4 = PbSO_4 \downarrow + H_2O$$

实际生产中终点 pH 值控制在 5.5 以下，从而除去浸出液中的 Fe、As 和 Sb，如果高于此值，就会生成 Zn（OH）$_2$ 沉淀，降低锌的浸出率，这一点可从图 7-1 的氧化物稳定区域图中看到。

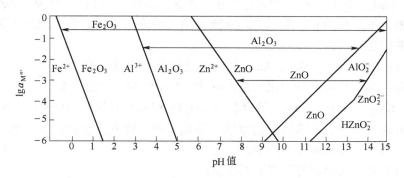

图 7-1 氧化物的稳定区域图

（1）焙砂中金属氧化物的浸出。锌焙砂中锌及其他金属元素大部分以氧化物形态存在，少部分以铁酸盐、硅酸盐形态存在，在浸出时氧化物可能发生下列反应，生成相应的硫酸盐：

$$ZnO(s) + H_2SO_4(aq) = ZnSO_4(aq) + H_2O \tag{7-5}$$

$$MeO + H_2SO_4(aq) \Longrightarrow MeSO_4(aq) + H_2O \tag{7-6}$$

式中 Me 代表 Cu、Cd、Co、Fe 等金属。

由 Zn-Me-H$_2$O 系的电位-pH 值图可知 MnO、CdO、CoO、NiO 发生水解的 pH 值均大于 ZnO，故在保证 ZnO 浸出的条件下，上述氧化物都能有效地被浸出。以下进一步研究 pH 值为 5 时，在 25℃ 条件下各种金属氧化物浸出反应进行的限度。

对二价金属而言，其浸出反应为：

$$MeO + 2H^+ \Longrightarrow Me^{2+} + H_2O \tag{7-7}$$

$$\lg K \Longrightarrow \lg a_{Me^{2+}} + 2pH \tag{7-8}$$

当 $a_{Me^{2+}} = 1$ 时，pH = pH^0

$$\lg K = 2pH^0$$

或

$$\lg a_{Me^{2+}} = 2(pH^0 - pH)$$

将 pH^0 值代入，则可算得平均 pH = 5 时金属离子的平衡活度（表 7-1）。

表 7-1 在 25℃，pH = 5 时溶液中某些金属离子的平衡活度

Me^{2+}	Co^{2+}	Ni^{2+}	Zn^{2+}	Cu^{2+}
$a_{Me^{2+}}$	10^5	$10^{2.12}$	$10^{1.6}$	$10^{-2.1}$

从表 7-1 可知，在 pH = 5 时，Co、Ni、Zn 的氧化物实际上能完全被浸出，而 Cu^{2+} 的活度可达 $10^{-2.1}$，故 Cu^{2+} 的平衡质量浓度将超过 0.5g/L。

1）中性浸出。

焙烧矿中各组分在浸出时的行为：

① ZnO、NiO、CoO、CuO、CdO 与硫酸作用生成 MeSO$_4$ 进入溶液。

② Fe$_2$O$_3$、As$_2$O$_3$、Sb$_2$O$_3$ 与硫酸作用生成 Me$_2$(SO$_4$)$_3$ 进入溶液，然后通过水解大部分进入浸出渣。

③ PbO、CaO、MgO、BaO、PbSO$_4$ 不进入溶液，CaSO$_4$ 少量进入溶液，MgSO$_4$、BaSO$_4$ 部分进入溶液，虽然这部分物质不进入溶液而绝大部分入渣，但它们消耗了硫酸，因此，不希望在精矿中含量过高。

④ ZnS、Fe$_3$O$_4$、SiO$_2$、MeS、Au、Ag 不与硫酸作用而进入渣。

⑤ Ga、In、Ge、Tl 在热酸浸出时进入溶液，在中性浸出时进入渣。

⑥ MeO、SiO$_2$、As$_2$O$_5$、Sb$_2$O$_5$ 结合态的 SiO$_2$ 在浸出时以硅胶（H$_2$SiO$_3$）进入溶液，通过水解大部分进入渣中，影响溶液的澄清与分离。砷、锑五氧化物以正酸盐（如 AsO$_4^{3-}$）溶入溶液中，然后通过水解进入渣中。

由以上讨论知，浸出后将得到下列物质：

溶液：以 ZnSO$_4$ 为主，含有溶解金属 Ni、Co、Cu、Cd 及少量的 Fe、As、Sb 和硅胶。

渣：以脉石为主，含有不溶金属。

含杂质较多的浸出液不能直接送去电解，需要进行多段净化，在浸出过程中通过控制适当的终点 pH 值进行水解，可除去 Fe、As、Sb、Si 等杂质。

影响浸出速度的因素有以下方面：温度、矿浆搅拌速度、硫酸浓度、焙烧矿的性质、矿浆黏度。

2）高温高酸浸出。

铁酸锌的溶解条件：$t = 85 \sim 95℃$，酸度 $20 \sim 60g/L$，此时锌的浸出率约为 95%，但溶液含 Fe 大于 $30g/L$。

综上所述，在中性浸出阶段，若最终 pH 值控制在 5 左右，锌、钴、镍、镁等均可成硫酸盐进入溶液，铅、钙的氧化物亦可变成相应的硫酸盐，但 $PbSO_4$、$CaSO_4$ 的溶解度较小，在 25℃ 时分别为 $3.9 \times 10^2 g/L$ 和 $1.93 g/L$，因此 $PbSO_4$ 主要进入渣相，$CaSO_4$ 则部分溶解进入浸出液。In_2O_3、Fe_3O_4、Ga_2O_3、SnO_2 等氧化物由于 pH^0 很小，主要进入渣，银主要进入渣相。

（2）铁酸锌的浸出。即使在传统酸浸工艺的条件（终点 H_2SO_4 的质量浓度为 $1 \sim 5g/L$、80℃）下，$ZnO \cdot Fe_2O_3$ 仍难以浸出，渣中锌主要以 $ZnO \cdot Fe_2O_3$ 形态存在。因此，提高浸出率的关键是解决 $ZnO \cdot Fe_2O_3$ 的浸出问题。

从热力学分析知：$ZnO \cdot Fe_2O_3$ 在 25℃ 和 100℃ 时的 pH^0 值分别为 0.68 和 -0.15，故溶液硫酸的质量浓度应维持较高，不应低于 $30 \sim 60g/L$。这就是前面提到的高酸高温的热酸浸出的现代流程。

分离酸性溶液中金属离子的最简单的方法是中和沉淀法。图 7-2 为 298K 下各种氢氧化物的 $\lg a_{M^{n+}} - pH$ 关系图。

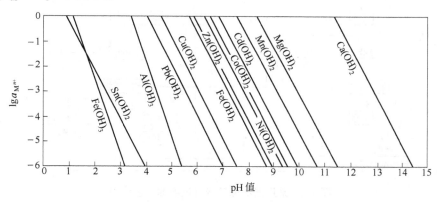

图 7-2 氢氧化物 $\lg a_{M^{n+}} - pH$ 关系图

7.2.1.2 湿法炼锌浸出过程的工艺流程

图 7-3 为锌焙砂浸出的一般流程。浸出过程分为中性浸出、酸性浸出和 ZnO 粉浸出。中性浸出过程中为了使铁和砷、锑等杂质进入浸出渣，终点 pH 值控制在 $5.0 \sim 5.2$ 左右。

A　中性浸出的目的

使精矿中的锌化合物尽可能迅速而完全地溶于溶液中，而有害杂质如 Fe、As、Sb 等尽可能少地进入溶液。

浸出后期控制适当的终点 pH 值，使已溶解的大部分 Fe、As、Sb 等水解除去，以利于矿浆的澄清和硫酸锌溶液的净化。

浸出的目的是尽可能快而且完全溶解所要的成分，但实际上是不可能的，浸出后所得

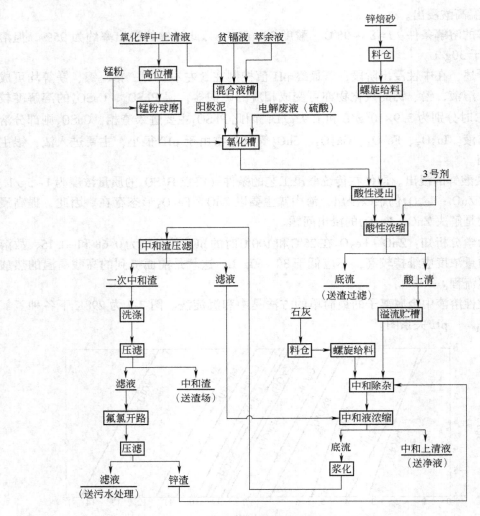

图 7-3　某厂湿法炼锌浸出过程的工艺流程

的固体残渣（浸出渣）还含有约 20% 的锌，此渣必须进一步处理以提取其中的锌及有价金属。

B　酸性浸出的目的

使中性浸出渣中以 ZnS、ZnO·Fe₂O 形式存在的锌尽可能溶解出来，以达到综合提高锌浸出率的目的。

在浸出过程中一方面锌的化合物溶解不完全，另一方面矿石中的一部分杂质（Fe、Cu、Cd、As、Sb）在很大程度上也溶解在溶液中，因此，浸出的结果是得到一种含多种杂质的溶液和不溶固体物，称为矿浆。矿浆必须进行固液分离，分离的办法有：1）浓缩；2）过滤，最后得到不含固体物质的上清液，送净化处理。

7.2.2　净化

锌焙砂或其他的含锌物料（如氧化锌烟尘、氧化锌原矿等）经过浸出后，锌进入溶液，而其他杂质（如 Fe、As、Sb、Cu、Cd、Co、Ni、Ge 等）大量残存于溶液中，它们的存在将给下一工序——锌电解沉积过程带来极大危害：降低电解电流效率、增加电能消耗、影响阴极锌质量、腐蚀阴极和造成剥锌困难等。因此，必须通过溶液净化，将危害锌电积的所有杂质除去，产出合格净化液才能送至锌电解槽。

硫酸锌溶液净化的目的是：1）将溶液中的杂质除至电积过程的允许含量范围之内，确保电积过程的正常进行并生产出较高等级的锌片；2）通过净化过程的富集作用，使原料中的有价伴生元素，如铜、镉、钴、铟、铊等得到富集，便于从渣中进一步回收有价金属成分。

7.2.2.1 湿法炼锌净化过程的基本原理

在湿法炼锌工艺中，浸出液要经过三个净化过程：1）中性浸出时控制溶液终点 pH 值，使某些能够发生水解的杂质元素从浸液中沉淀下来（中和水解法）；2）酸性浸出时的除铁；3）针对打入净化工序的中浸液除杂，使之符合电积锌的要求。在实际生产中，这些过程并不全是在净化单元完成，如：杂质 Fe、As、Sb、Si 大部分在浸出过程除去，而 Cu、Cd、Co、Ni、Ge 等则在净化过程除去。

中性浸出上清液含有铜、镉、钴、镍等杂质，不能直接送入电解，因此必须除去这些杂质，同时，在净化过程中富集其他有价金属。其主要原理是利用活性较强的锌金属将溶液中的 Cu、Cd、Co、Ni 的离子置换出来，并沉积在渣中；根据溶液中杂质活性的差异，即置换的难易，整个净化工序分成两段：除钴镍和除铜镉工序。在除钴镍工序中，为了加快反应速度，提高锌粉的利用率，将反应提高到 80℃以上，同时添加锌粉活化剂——硫酸铜和锑白，其主要反应如下：

$$Co^{2+} + Zn \xrightarrow{\geqslant 80℃，CuSO_4，Sb_2O_3，60min} Co\downarrow + Zn^{2+}$$

$$Ni^{2+} + Zn \xrightarrow{\geqslant 80℃，CuSO_4，Sb_2O_3，60min} Ni\downarrow + Zn^{2+}$$

$$Cu^{2+} + Zn \xrightarrow{45～55℃，50min} Cu\downarrow + Zn^{2+}$$

$$Cd^{2+} + Zn \xrightarrow{45～55℃，50min} Cd\downarrow + Zn^{2+}$$

7.2.2.2 湿法炼锌净化过程的工艺流程

如图 7-4 中，虚线以左的工序在实际生产中是放在浸出单元过程中完成，产出合格浸出液（上清液）打入净化单元过程。在浸出单元中，主要利用的是中和水解法和共沉淀法除去杂质铁、砷、锑、硅，而在净化单元中，按照净化原理可将净化的方法分为两类：1）加锌粉置换除铜、镉，或在有其他添加剂存在时，加锌粉置换除铜、镉的同时除镍、钴。根据添加剂成分的不同该类方法又可分为锌粉-砷盐法、锌粉-锑盐法、合金锌粉法等净化方法；2）加有机试剂形成难溶化合物除钴，如黄药净化法和亚硝基 β-萘酚净化法。

7.2.3 电解沉积

锌的电解沉积是湿法炼锌的最后一个工序，是用电解沉积的方法从硫酸锌水溶液中提

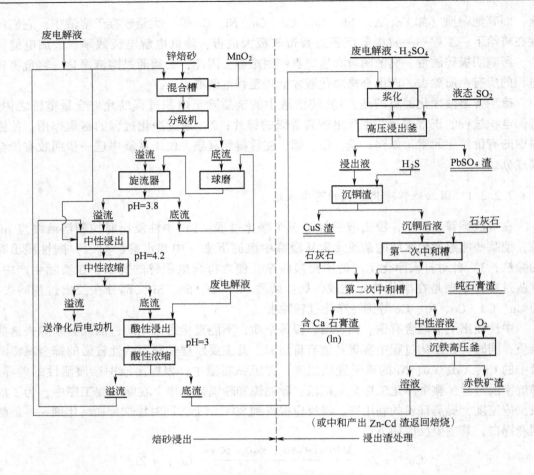

图 7-4　湿法炼锌净化过程的工艺流程

取纯金属锌的过程。

7.2.3.1　湿法炼锌电解沉积过程的基本原理

将已净化的溶液（$ZnSO_4 + H_2SO_4$）连续不断地从电解槽进液端送入电解槽中，以 Pb-Ag 合金板（含 Ag1%）作阳极，压延铝板作阴极。通以直流电，阳极上放出 O_2，阴极上析出金属 Zn。

随着过程的不断进行，电解液中的锌含量不断减少，而 H_2SO_4 不断增加，这种电解液称废电解液，它不断从电解槽出液端溢出。送浸出工序，阴极上的析出锌隔一定周期（24h）取出。锌片剥下后送熔化铸锭成为成品，阴极铝板经清刷处理后再装入槽中继续进行电积。

$$Zn^{2+}（电解液）\longrightarrow Zn（阴极锌）$$

7.2.3.2　湿法炼锌电解沉积过程的工艺流程

湿法炼锌电解沉积过程工艺流程见图 7-5。

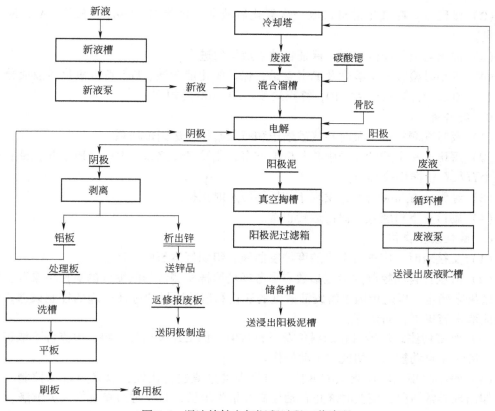

图 7-5 湿法炼锌电解沉积过程工艺流程

7.3 实训内容与步骤

7.3.1 浸出操作实践

7.3.1.1 一般操作规程

（1）岗位操作人员上岗前应穿戴好劳动保护用品。

（2）操作人员应随时掌握岗位所属设备性能，定期检查和加注设备油料。

（3）岗位所属设备出现异常应及时向班组或车间汇报，积极协助相关人员进行处理。

（4）当班出现的设备及其他相关问题应如实向接班人员交待。

（5）随时做好岗位所属设备、工作场地的清洁卫生工作。

（6）认真做好交接班记录。

下面以某锌厂浸出实际生产过程为例（其工艺流程见图7-3），简要介绍浸出工艺操作实践。

7.3.1.2 岗位操作

A 氧化槽岗位

（1）检查锰矿浆管道阀门和锰矿浆浓度，确保锰矿浆的连续加入。

（2）接班后，在氧化槽出口取一次氧化后液样，化验 H^+、$Fe_{全}$、Fe^{2+}、As、Sb、Ge 的含量。

（3）加强与上下岗位联系，保证各种溶液均匀进入。

（4）每小时检查一次酸度及 Fe^{2+} 含量，保证氧化液含酸、Fe^{2+} 符合氧化后液成分（g/ L）：$F_{全}$：$0.2 \sim 1.5$，$Fe^{2+} \leqslant 0.10$，终点酸度：$50 \sim 100$ 的规定。

B　给料岗位

（1）及时观测料位，及时与焙砂输送和石灰石粉输送岗位联系。

（2）每班取一个焙砂样送中心分析测试室，化验 Zn、$Zn_{可}$、$Fe_{可}$、Pb、In、Sb；每天取一个石灰石粉样化验 CaO。

（3）经常检查布袋情况，发现布袋损坏应及时更换。

（4）勤检查下料装置，保证运转正常。

C　酸性浸出岗位

（1）交接班时，应查看上班酸度控制曲线，组织好本班的生产。

（2）酸度计自动控制的给定参数应参考现场取样实测值与酸度计的对比结果和上班的控制效果来确定，以避免因电解废液酸度的变化和焙砂质量的好坏引起的控制误差。给定参数应取得当班班长的认可。

（3）要密切注意焙砂料仓的料位及下料数值，保证连续均匀下料，申克秤不能正常运行时，应终止自动控制，切换成手动操作。

（4）每小时现场取样测试酸度值，与仪表测量值进行比较，以确定自动控制是否正常。如出现异常情况，应及时终止自动控制并报告班长，必要时通知电仪人员维修。

（5）岗位人员应每小时检查溜槽内溶液流量，当溶液不能覆盖溜槽内酸度计测头时，应将自动控制切换成手动操作，排除问题后方可恢复自动控制。

（6）经常检查仪表和废液调节阀门的运行状况，检查仪表气源是否正常。如出现异常，应将自动控制终止，切换成手动操作，并报告班长，必要时通知电仪人员排除故障。

（7）每小时在最后一台浸出槽出口取酸性浸出液样检测终酸，及时调整下料量或废液量。

（8）各种仪表运行情况应记录清楚，保证各自动部分处于良好运行状态，发现问题应及时与电仪人员联系处理。

（9）岗位人员应爱护各自动仪表及装置，保持维护好设备卫生，手动操作时应注意轻开轻关，使设备不致损坏。

（10）经常检查通风设施，保证正常运行。

D　酸性浓密槽岗位

（1）加强与各岗位联系，保证合格上清溶液的供应。

（2）勤检查沉清效果，测定酸上清含固量，厢式后液含固量，沉钴后液含固量。

（3）每 2h 取酸性浸出液，分析 As、H^+，定性 Fe^{2+}。

（4）交接班及班中测定上清线，上清线小于 1m 时，通知增加 3 号絮凝剂。

（5）保证溢流沟畅通、无杂物。

（6）排放酸性浸出浓缩底流应连续均匀，中和除杂浓密底流每班排渣 8~12 次，每次不超过 15min，测定中、酸性底流密度，保证符合酸性底流密度（g/cm^3）：$1.65 \sim 1.90$ 的规定。

（7）各种泵和阀门要经常检查，保证使用正常。

E 3 号凝聚剂岗位

（1）每槽加水至槽体的 80%，再加入 3 号凝聚剂，然后开蒸汽加温搅拌，待完全溶解后待用。

（2）每班交班必须保证贮槽内有 2/3 以上体积的 3 号凝聚剂。

（3）主动与浓缩槽岗位联系，保证 3 号凝聚剂的供应。

（4）根据浓密情况调整各 3 号凝聚剂高位槽的流量。

F 中和除杂岗位

（1）交接班时，应查看上班 pH 值曲线，并对每个 pH 值测点用试纸检测。与上班 pH 值及当前 pH 计量示值进行对比，如偏差超过规定范围（0.5~1），应及时通知电仪人员处理。

（2）pH 自动控制的给定参数应参考试纸与 pH 计的对比结果和上班的控制效果来确定，以避免溶液酸度的变化和石灰石粉质量的好坏引起的控制误差。给定参数应取得当班班长的认可。

（3）要密切注意石灰石粉料仓的料位及下料数值，保证连续均匀下料，申克秤不能正常运行时，应终止自动控制，切换成手动操作。

（4）每小时应用试纸现场测试 pH 值，与仪表测量值进行比较，以确定自动控制是否正常。如出现异常情况，应及时终止自动控制并报告班长，必要时通知电仪人员维修。

（5）岗位人员应每小时检查中和除杂溜槽内溶液流量，当溶液不能覆盖溜槽内 pH 计测头时，应将自动控制切换成手动操作，排除问题后方可恢复自动控制。

（6）经常检查仪表和废液调节阀门的运行状况，检查仪表气源是否正常。如出现异常，应将自动控制终止，切换成手动操作，并报告班长，必要时通知电仪人员排除故障。

（7）岗位人员应爱护各自动仪表及装置，保持维护好设备卫生，手动操作时应注意轻开轻关，使设备不致损坏。

（8）各种仪表运行情况应记录清楚，保证各自动部分处于良好运行状态，发现问题应及时与电仪人员联系处理。

（9）经常检查通风设施，保证正常运行。

G 中和除杂浓密槽岗位

（1）加强与各岗位联系，保证合格中上清液的供应。

（2）勤检查沉清效果，测定上清液含固量。

（3）每 2h 取中和浸出液，取中和液分析 As，定性 Fe^{2+}。

（4）每 30min 检查一次中和浓密槽进、出口 pH 值。

（5）保证溢流沟畅通、无杂物。

（6）排放酸性浸出浓缩底流应连续均匀，中和除杂浓密底流每班排渣 8~12 次，每次不超过 15min，测定中性底流密度，保证符合底流密度（g/cm^3）：1.40~1.65 的规定。

（7）各种泵和阀门要经常检查，保证使用正常。

H 低压脉冲收尘器（由给料岗位负责）

（1）开机操作：

1）闭合程序运行开关（红灯亮），选择需要清灰的 1 号~3 号收尘器系统（红灯亮）；

将 BMC-4 电脑控制柜投入运行，运行方式为定压差工作方式（红灯亮），显示仪表指示收尘系统各运行参数；启动无热再生式压气干燥器，打开供气系统总阀及通向收尘设备气包的所有进气阀门，供气系统开始工作。

2）按下风机启动按钮，风机启动。

3）收尘系统投入运行。

（2）换袋操作。若发现由于布袋破损而导致风机烟囱含尘浓度明显增加需更换布袋时，则：

1）按下风机停止按钮，停止风机运转。

2）关闭气包进口的阀门。

3）揭开该收尘器顶盖，确定破袋（布袋袋口积的粉尘明显多于其他袋口的为破袋）。

4）卸下喷吹管，抽出布袋框架，将破袋卸下（注意：不要落入料仓），并重新装好新袋及框架，在放置框架的过程中，应尽量保持框架与花板面垂直，不得偏斜，并尽可能不脚踩框架上口，以免框架变形脱落。

5）重新安装固定好喷吹管，应尽量保证每个喷吹孔中心与滤袋中心同轴；不得错位和偏斜，同时严格确保喷吹管安装牢固。

6）检查并清理仓室内的杂物，盖严顶盖。

7）打开气包进口阀门。

8）重新启动风机。

（3）停机操作：

1）按下风机停止按钮。

2）为避免因停机时间太长，粉尘板结在布袋上，收尘器应在"定时"工作状态下（红灯灭）连续清灰四周。

3）关闭供气系统总阀门，关闭无热再生式压气干燥器电源开关，供气系统停止工作。

4）依次断开低压配电及电脑控制柜控制电源开关及总电源开关。

5）收尘系统即停止运行。

I　程控隔膜过滤岗位

（1）接班后应检查储槽内矿浆储量，发现问题应通知上道工序。

（2）每班首次启动压滤机前，应先检查压滤机各阀门是否在正确状态，压滤机各系统是否运转正常。确认无误后，用手动方式点动控板器，看其是否运转灵活、正常，滤室是否密闭，滤布是否完好，各机械电器部分确认无异常后方能开车。

（3）隔膜过滤机操作程序：压紧滤板→进料过滤→开泵进料压滤→压榨→吹干滤饼→开板卸料。

自动操作：

1）将"运行方式"旋钮置于"自动"位置，各手动旋钮均置于"停"位置。

2）按"清零"按钮。

3）按"启动"按钮，此时"自动"灯亮，过滤机按以上操作程序执行操作，完成一个周期，至此整个循环自动操作结束。

卸料操作：卸料→清零→启动→卸料。

手动操作：

1）将"运行方式"旋钮置于"手动"位置，各手动旋钮均置于"停"位置。

2）按"启动"按钮，此时"手动"灯亮，按照前文所述在电控柜面板上分别操作各手动旋钮完成过滤机的整个循环工作。在过滤机有故障或调试时，亦可分别操作各手动旋钮启、停相应的泵、阀门、电动机等。

（4）压滤过程中经常检查滤液出口流量及浑浊情况，发现断流、浑浊应及时检查滤布是否破损并更换。

（5）运行、卸料过程中注意滤饼厚度、含水等情况，发现问题及时分析原因并采取措施。

（6）经常检查各压力表变化情况，发现异常及时通告有关部门处理。

（7）及时联系汽车将渣斗内中和渣运走。

J　锰矿球磨岗位

（1）接班查看上班记录，了解生产情况，逐一检查每台设备是否完好。

（2）准备：料仓开启排风机，装足锰粉，倒锰粉时注意检出破布、砖头等杂物，以免损坏圆盘给料机；高位槽进满溶液，检查其出液阀是否畅通，听候浸出岗位通知，及时送锰矿浆。

（3）送矿浆操作程序：电话通知受料单位→接到对方回电话后立即开液阀→启动圆盘给料机→开送液泵阀→启动矿浆泵→调控中间槽液面→调节矿浆浓度→检查设备运行情况→停送。

停送操作程序：停圆盘给料机→关闭高位槽出液阀→关闭废液阀→停送矿浆泵。

（4）早、中班负责接收锰矿粉，锰矿粉包装箱须堆放在厂房内，以免淋雨结块。

（5）使用吊车，应按吊车的技术操作规程、设备维护规程、安全生产规程操作。

（6）工作结束打扫现场卫生、填写记录。

K　压滤及洗渣浆化岗位

（1）接班后应检查贮槽内矿浆贮量、温度及矿浆密度等情况，及时调整矿浆浓度等条件。

（2）每班首次启动压缩机前，应先检查压滤机各阀门是否在合适的位置，压滤机各系统是否运转正常，确认无误后，用手动方式点动拉板器，看其是否运转灵活，滤室是否密闭、滤布是否完好，各机电部分确认无异常后方能开车。

（3）第一周期采用手动操作，进料前，先启动压滤泵，然后慢慢打开进料阀，检查滤板是否泄漏，如正常则可全部打开进料阀。第一个压滤周期完毕后，应对其滤饼厚度、水分含量进行检测，根据其检测结果，随时调整相应过滤条件，手动操作正常后，即可将控制器转入自动装置。

（4）压滤过程中经常检查滤液出口流量及浑浊情况，发现断流、浑浊应及时检查滤布并更换。

（5）运行过程中注意观察滤饼厚度、含水等情况，发现问题及时分析原因并采取措施。

（6）经常检查各压力表变化情况，发现异常及时通告有关部门处理。

（7）根据过滤阻力变化情况，适时对滤布进行洗涤，如滤布结垢严重经多次洗涤无效时，应换新布。

（8）每班取一次混合滤渣按工艺要求测定水分和相关元素。

L　氟氯开路及压滤岗位

（1）检查各阀门、管道及搅拌机是否正常。

（2）往氟氯开路槽中泵入 65m³ 左右溶液，开蒸汽，控制温度；启动搅拌机。

（3）加入中和剂，待溶液 pH 值达 5.5~6.0 后，再搅拌 5min，取样化验溶液含 Zn^{2+} 合格后，通知放罐。

（4）压滤、浆化按《压滤及洗涤浆化岗位操作法》执行。

（5）锌渣浆化后，用泵送酸性浸出槽，滤液送污水处理。

7.3.1.3　浸出工序的安全规程

A　浸出岗位安全操作规程

（1）开蒸汽、废液、硫酸阀门时，不能开得过猛，应缓慢开启，防止溅液伤人。

（2）下槽清理沉渣或杂物时，应由班长或车间派专人在槽外监护，护梯要牢靠、紧固，同时在搅拌机控制屏口悬挂"严禁合闸"警示牌。

（3）核对硫酸、废液高位槽内的液位时，应查看扶手、槽盖是否腐蚀，确认无误后方可攀登，同时注意滑跌。

（4）严禁用湿手启动电气设备。

（5）检修正在焊接管道设备时，操作工应在旁等候协作，防止漏电伤人。注意装有流量计的管道在焊补前必须拆卸，待焊补好后按原位装上。

（6）打废液、硫酸时应与电解运转、酸站岗位联系好，检查废液、硫酸阀门及管道是否完好，泵入后，注意看液位显示，岗位上监护，杜绝冒液伤人。

（7）在槽下放缸时，防止溅液伤人。

（8）清理设备卫生时，停机清理，严禁擦洗运行中各种设备，杜绝用水冲洗电气设备。

B　机械搅拌机安全操作规程

（1）操作者应熟悉设备的性能和结构。

（2）开机前应检查各部件的连接螺栓是否有松动，安全防护罩是否紧固，减速机油位是否到规定值，否则应添加润滑剂，并定期加油。

（3）开机前搅拌桶内的液面不得低于 1/3，否则严禁开机。

（4）一切正常后，开启润滑油泵，再启动搅拌机。

（5）搅拌机运行过程中，应经常对各运行部件、各润滑点进行检查，发现问题及时处理。

（6）在工作中发现搅拌机有摆动现象，应及时停机检查。

（7）停机应先停搅拌机再停油泵。

（8）交班时应清扫设备工作场地及设备卫生。

C　浓密机安全操作规程

（1）当班操作者应熟悉设备性能和结构。

（2）开机前检查各部件螺栓是否有松动现象，润滑是否完好，油路是否畅通，待一切正常方可开机，而后逐步下降耙架至工作高度。

（3）浓密机正常工作时，必须对各运动部位进行检查，发现问题及时处理，管道应保持畅通无阻，耙架运行稳定、均匀，润滑良好，轴泵油度不得超过 65℃。

（4）浓密机运行时，给矿的浓度和流量应均匀，应有规则地测量给矿液固比。

（5）浓密机运行时，严禁滤布、木块、金属条或石块等杂物落入池中。

（6）浓密机超负荷运行时可引起严重的事故，应专人观察负荷指针，掌握工作负荷。

（7）停机前必须先停止给矿，排底流直至池底浓积泥排空后才能停机。

（8）紧急停机时，必须立即将耙子提升起来，并加大底流排放量。

（9）每班对竖柱轴上部轴承和蜗杆轴承加注一次 2 号润滑油。

（10）每班工作结束后，清理场地及设备卫生。

（11）清理浓密机时，应先在车间安全员处登记，必须将梯子挂牢，切断电源。

D　厢式压滤机安全操作规程

（1）操作者应熟悉设备的性能原理。

（2）检查油缸上的电接点压力表是否调至保压范围（20MPa 以内），设备零部件是否齐全可靠，滤板排列是否整齐，液压系统是否有漏油现象，一切正常，确认无误后，准备开机。

（3）压紧滤板：按动电源开关，按下压紧滤板“前进”按钮，高压油泵运转，压紧板向前移动至压紧位置，液压系统电接点压力表，上限点闭合，高压油泵停止，此时可进行物料处理工序（进料）。在物料处理过程中不得关闭电源开关，否则系统不进行自动补偿保压过程，压紧滤板压紧停止。

（4）卸渣：在物料处理工序运行结束后，按下“后退”滤板按钮，压紧板自动退回到与行程开关接触后，电动机自动停止。进行卸渣工作，在卸渣过程中应检查每一块滤布不应有皱折、不重叠。发现滤布有破损应更换，卸渣完成后，按以上过程再次进行压滤工作。

7.3.1.4　安全注意事项

（1）严格遵守岗位技术操作规程、安全操作规程。

（2）严格遵守本单位的安全生产规章制度和操作规程，服从管理，正确佩戴和使用劳动防护用品。

（3）工作现场禁止吸烟、进食和饮水。工作毕，淋浴更衣，不将工作服带回家中。保持良好的卫生习惯。

（4）如发生 H_2SO_4 泄漏伤害，皮肤接触者应立即脱去污染的衣着，立即用水冲洗至少 15min。或用 2%碳酸氢钠溶液冲洗。眼睛接触者立即提起眼睑，用流动清水或生理盐水冲洗至少 15min。就医。吸入者迅速脱离现场至空气新鲜处。呼吸困难时输氧。给予 2% ~ 4%碳酸氢钠溶液雾化吸入。就医。误服者给牛奶、蛋清、植物油等口服，不可催吐。立即就医。

7.3.2　净化操作实践

下面以某锌厂净化实际生产过程为例（其工艺流程见图 7-4），简要介绍净化工艺操作实践。

7.3.2.1　岗位操作法

（1）了解浸出中上清情况，主动与浓密机岗位和净化岗位联系，调节好流量。

（2）如中上清不合格，应及时请示调度并报告班长。

（3）注意各段压滤中间槽、滤液中间槽、上清中间槽液位，保证不冒槽。

（4）开停车必须事先与浓密机岗位和净化岗位联系。防止一、二次滤液储槽、上清储槽、澄清溢流槽冒液。如有冒液情况及时与相关岗位联系并向班长报告，并及时将污水坑内污水抽去。

7.3.2.2　一段净化岗位操作规程

（1）一段净化岗位作业前的准备。

1）员工进入岗位前，佩戴好劳保用品。

2）了解上班生产及设备运行情况。

3）检查各种管道、槽是否畅通完好，搅拌机、锌粉给料器、电葫芦、吊具、蒸汽阀门、溶液阀门、换热器是否正常，确认无误后方可作业。

4）查看生产原始记录及分析质量控制记录。

5）了解净化前液质量情况，并依据杂质计算一段辅料投加量。

6）了解一段净化后液的储备情况及溶液的质量。

7）查看一段净化后液贮槽液位，并联系二段净化是否具备输送溶液的条件。

8）与运转岗位和厢压岗位取得联系，检查是否具备压滤条件。

9）检查螺旋板换热器的上班使用情况，并查看阀门，如已停机则判断是否具备开机条件。

10）准备好所需的原材料：锌粉、硫酸铜、锑白。

11）进桶清洗或检修设备时，上面要有专人配合，一定要关闭所有阀门，切断电源，并挂警示牌，填写检修安全确认表。

（2）一段净化岗位按以下程序作业。

1）启动送液泵让溶液通过换热器进入一段1号桶，根据生产需要调整溶液流量，同时启动一段净化搅拌机并加以确认。

2）平衡开启板式换热器阀门对溶液进行升温，1号桶温度控制在80℃。接通知需停止进液时，应先关闭板式换热器蒸汽阀，停止蒸汽后，方可停止进液。

3）启动送液泵前，开启锌粉给料器进行加料。作业过程中一段净化锌粉按 $2.0 \sim 3.5 \mathrm{g/L}$ 加入，加入比例按1号桶60%，2号桶20%，3号桶10%，4号桶10%加入锌粉，锌粉量可依据生产情况进行调整。

4）根据溶液的 Co、Ni、Cu、Cd 含量向1号桶补入一定量的硫酸铜和锑白，添加辅料原则为依据杂质量计算，少量多批次加入。

5）当1号桶溶液进满流到2号桶、3号桶、4号桶时，操作方法按3）进行。

6）作业过程中，每小时通知检测人员对1号、2号、4号桶出口进行取样，分析 Co、Sb 达到要求后方可经中间槽泵送压滤。如 Co、Sb 分析不合格，调整闸板将溶液流进5号反应桶，向5号桶加入适量锌粉及辅料，同时调整前面4个反应桶中锌粉及辅料加入量，保证 4 号桶在 5 号桶出现溢流前溶液均合格，且 5 号桶溢流溶液合格，此时停止 5 号桶进液，并及时清空 5 号桶。若 4 号、5 号桶溢流均不合格，则应调整一段净化溶液处理量，将一段液返回除铁后液贮罐，并对一净重新取样分析至合格为止。同时通知班长。

7）当合格溶液流至中间槽时，立即通知运转及厢压岗位启动一段压滤泵进行压滤作业，压滤过程中注意保持滤液清亮，压滤开始 5min 后取进滤液贮罐的溶液送化验 Co、Sb、Cu。

8）生产中发现单台搅拌桶出现设备故障必须停止生产时，通知班长要求设备维护，同时，先打开该反应桶对应直溜槽的闸板，再关闭该反应桶进出口溜槽闸板，停止搅拌，该反应桶进入设备检修流程。对最后反应桶出口溶液取样分析，溶液不合格，马上调整进液量及其余各反应桶锌粉及辅料加入量，再次取样，仍不合格，按 6）启用 5 号桶。

9）出现贮罐滤液不合格时，接运转通知缓冲槽进液后，应先停止换热器蒸汽，通知除铁停止净化前液输送，关闭进液阀门，开启反应桶蒸汽，确保各槽反应温度。

（3）一段净化岗位作业完毕。

1）填写《连续净化生产原始记录》。

2）填写《厂搅拌机运行记录》。

3）对余料、废料进行回收。

4）对搅拌机、螺旋板式换热器进行卫生清理和维护，对操作平台进行清扫，做到工完料尽场地清。

（4）一段净化注意事项。

1）开启蒸汽阀门时须缓慢进行，以防蒸汽泄漏喷溅伤人。

2）在使用电葫芦调运锌粉时，不得斜拉斜吊，以防损坏设备安全装置，严禁带水进入锌粉库。锌粉库进出锌粉后应关闭好门窗，每班检查锌粉库安全情况。

3）作业过程中每 20min 检查一次锌粉给料器和流量计，每小时检查一次搅拌机，并随时关注蒸汽压力表。

4）作业过程中必须在上风口操作。

5）添加物料时须缓慢进行，以防物料及溶液飞溅伤人。

6）维护设备卫生时，抓好扶好当心滑跌。

7）禁止用水冲洗电器设备。

8）一净压滤过程中，应经常查看一段滤液贮槽液位。

7.3.2.3　二段净化岗位操作规程

（1）二段净化岗位作业前的准备。

1）一段净化岗位作业前准备的 1）、2）、3）、4）、8）。

2）了解一、二段净化滤液的储备情况及溶液的质量。

3）了解冷却塔和除钙镁浓密机的运行情况。

4）查看新液贮罐溶液质量和液位是否具备输送液的条件。

5）准备好所需的锌粉。

（2）二段净化岗位按以下程序作业。

1）通知运转岗位启动一次滤液输送泵让溶液进入冷却塔，溶液降温后送入二段 1

号桶。

2）严格控制 1 号桶温度在 45～55℃。

3）启动送液泵前，开启锌粉给料器进行加料。作业过程中，二段净化锌粉按 0.5～1.5g/L 加入，加入比例按 1 号桶 70%，2 号桶 20%，3 号桶 10% 加入锌粉。锌粉量依据杂质含量调整。

4）当 1 号桶溶液进满流至 2 号、3 号桶时，操作方法按 3）进行。

5）作业中每小时通知检测人员对 1 号、3 号桶出口取样，分析 Cd、Cu，达到要求后通知运转及厢压岗位启动二净压滤泵进行压滤作业。如 Cd、Cu 不合格，将溶液流进 4 号反应桶，向 4 号桶加入适量锌粉及辅料，同时调整前面 3 个反应桶中锌粉及辅料加入量，保证 3 号桶在 4 号桶出现溢流前溶液均合格，且 4 号桶溢流溶液合格，此时停止 4 号桶进液，并及时清空 4 号桶。若 3 号、4 号桶溢流均不合格，则应调整二段净化溶液处理量，并通知一段净化岗位，同时调整二段锌粉及辅料加入量，且将二段液返回二段进液中间槽，并对二净重新取样分析至合格为止。

6）厢式压滤开启 5min 后，进滤液贮罐的溶液取样分析 Cd、Cu 达到要求后方可送下道工序。

7）生产中发现单台搅拌桶出现设备故障必须停止生产时，通知班长要求设备维护，同时，先打开该反应桶对应直溜槽的闸板，再关闭该反应桶进出口溜槽闸板，停止搅拌，该反应桶进入设备检修流程。对最后反应桶出口溶液取样分析，溶液不合格，马上调整进液量及其余各反应桶锌粉及辅料加入量，再次取样，仍不合格，按 5）启用 4 号桶。

8）出现贮罐滤液不合格时，接运转通知缓冲槽进液后，应先通知运转停止净化液冷却塔进液，待冷却塔出液溜槽停止后方可联系返液处理。

（3）二段净化岗位作业完毕。与一段净化岗位作业完毕相同。

（4）二段净化注意事项。同一段净化注意事项。

7.3.2.4　压滤岗位

（1）根据流量大小决定开车台数，根据滤速、滤液质量决定压滤机是否应停车清洗。

（2）压滤过程中经常巡回检查，防止跑浑漏液。

（3）按工区规定更换滤布，清理结晶。

（4）密切与铜镉渣浆化岗位及二段渣调浆岗位配合，保证各种渣能顺利及时处理。

（5）压滤之前要认真检查滤嘴是否配套、橡胶导管是否清理干净、接液盘中的残渣是否清理干净。

7.3.2.5　铜镉渣处理操作规程

（1）调浆岗位操作规程。

1）上班时认真检查机电设备运转是否正常，润滑油是否充足，管道是否畅通，调浆液是否充足。

2）接到上料通知后打开调浆液，启动设备开始上料。

3）随时保持与浸出岗位联系，严格按照浸出岗位的要求上料。

4）接到停料通知后，停止上料。继续用调浆液冲洗调浆槽和管道，然后关闭调浆液，停止运转设备。

　　5）生产结束后清理设备和场地卫生，做到设备无油污，场地无杂物。

　　（2）浸出岗位操作规程。

　　1）检查管道是否畅通，设备是否完好，润滑油是否充足。

　　2）待一切正常后泵入 40~50m³ 废电解液，启动风机和搅拌机，通知调浆岗位开始上料。

　　3）上料过程中随时与上料岗位保持联系，严防冒罐。

　　4）当 pH 值到 1 时通知上料岗位停止上料，打开蒸气阀开始升温。

　　5）当温度升至 85℃ 以上后，继续搅拌 1h 后，按规定加入锰粉。

　　6）继续搅拌 1~1.5h 后，停止搅拌，取样分析锌、铜、锑。

　　7）一切结束后清理场地和设备，通知地槽岗位转液。

　　（3）沉铜岗位操作规程。

　　1）检查设备是否正常，润滑油是否充足，管道是否畅通。

　　2）一切妥当后，泵入 70~80m³ 的浸出压滤液，打开蒸气阀开始升温。

　　3）当温度升至 60~70℃ 后，停止加温，启动搅拌机，按要求加入已溶好的锑白粉。

　　4）加入锑白粉搅拌均匀后，根据化验分析结果加入沉铜所需的锌粉（注意：锌粉加入时，必须细加慢散）。

　　5）锌粉加入后，搅拌 40~60min，取样分析，当铜低于 200mg/L 后通知地槽转液。

　　（4）除镉岗位操作规程。

　　1）检查设备运行是否正常，管道是否畅通，设备润滑油是否充足。

　　2）一切妥当后泵入 70~80m³ 的沉铜压滤液。

　　3）根据分析结果准确计算出除镉所需的锌粉量。

　　4）启动搅拌机，缓慢加入除镉所需锌粉。

　　5）锌粉加入后继续搅拌 40~60min，取样分析，当镉低于 300mg/L 后通知地槽转液。

　　（5）除钴岗位操作规程。

　　1）检查设备是否正常，管道是否通畅，设备润滑油是否充足。

　　2）一切妥当后泵入 70~80m³ 开动蒸气加温。

　　3）根据分析结果准确计算出除钴所需锌粉量和锑盐量。

　　4）当温度达到 75℃ 后，关闭蒸气，启动搅拌机，加入溶好的锑白粉（若 pH>3.5~4 需调酸使 pH=3.5~4）。

　　5）缓慢加入除钴所需锌粉。

　　6）锌粉加入后，搅拌 1.5~2h 后，取样分析锌、钴。钴若低于 8mg/L 通知地槽转液。

　　（6）地槽压液岗位操作规程。

　　1）检查设备是否正常，管道是否畅通，设备润滑油、液压油是否充足。

　　2）检查压滤机布、板柜是否达到规定要求。

　　3）接到转液开压通知后，打开泵冷却水，打开阀门启动泵，开始转液开压。

　　4）检查压滤机运行是否正常，严禁跑浑、飚液。

　　5）当压完后，关闭冷却水，关闭泵阀门。

　　6）当压滤机滤饼达到规定要求后，松开压滤机抖渣，准备下一次开压。

7.3.3 锌电解沉积操作实践

7.3.3.1 阳极制作

启动吊车，将电铅或废阳极（废阳极上的阳极泥和塑料夹应除去）吊入熔化锅内熔化，用铁钩捞出铁皮及铜棒。铁皮送至废品库，铜棒送至酸洗房待酸洗；按配比规定加入废阳极和铅锭，待进满料后，升温至 600℃，加入适量的氯化铵充分搅拌，然后捞出浮渣，倒入渣斗；按阳极成分配比要求加入其他的元素，使之生成合金。

启动设备生产阳极，把阳极吊出后进行焊补或其他处理；检查阳极板是否达到质量要求，合格后整齐堆码；将铜棒放进洗槽用硝酸酸洗干净后将铜棒擦干，摆好，经平整后备用。阳极制造工艺流程如图 7-6 所示。

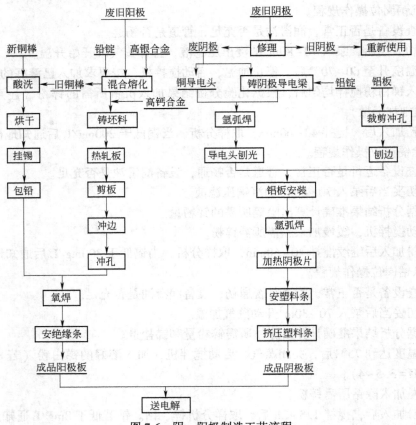

图 7-6 阴、阳极制造工艺流程

注意事项：

（1）注意铅水、硝酸烫伤，工作时戴好防护罩。

（2）阳极模使用中应注意错位和所铸阳极板超重现象。

7.3.3.2 阴极制作

阴极板为纯铝（$w(\text{Al}) > 99.7\%$）板，板面平整光亮、无夹渣、无裂纹，是在 5% ~

10%硫酸锌电解废液中浸泡24h无明显缺陷的压延板，上部熔铸、焊接铝质导电棒及挂耳或吊环，两边夹高压聚乙烯特制异形条。

铸阴极横梁时，铝水温度为800~900℃。粘边时，阴极板预热箱温度为350~400℃，预热时间为30min；塑料条预热温度为100~150℃；模压定型时间大于8min。阴极制造工艺流程如图7-6所示。

注意事项：

焊接阴极所用的氧气、乙炔具有易燃、易爆、禁油的特性，使用时应根据这些特性做好防护，如氧气瓶冬季冻结只能用热水解冻、氧气与乙炔不能混合存放等。

7.3.3.3 电解液循环

A 控制电解液成分

a 电解液的主要成分与质量要求

锌电解液的主要成分是硫酸锌、硫酸和水，此外还存在微量杂质金属的硫酸盐以及部分阴离子；电解液是由新液和电解废液按一定的比例混合而成。

锌电解液的质量要求：电解新液主要成分（g/L），Zn 130~180；电解废液成分（g/L），Zn 40~60、H_2SO_4 110~200。

b 电解添加剂的种类与作用

酒石酸锑钾：分子式为 $KSbC_4H_4O_7$，俗称吐酒石，工业纯。电解时添加吐酒石能使析出的锌易于剥离。

骨胶：茶褐色，半透明固体，片状，无结块及其他杂物。在酸性溶液中带正电荷，电解时，经直流电作用移向阴极，并吸附在电流密度高的点上，阻止了晶核的成长，迫使放电离子形成新晶核，使析出锌表面平整、光滑、致密。

碳酸锶：碳酸锶含量不小于95%，白色、无臭、无味、粉末、不溶于水，无严重结块及其他杂物，能降低溶液中铅离子的浓度，减少析出锌中铅含量，提高析出锌化学质量。

注意事项：

（1）电解液中锌离子的含量和硫酸的含量必须严格按要求控制，否则不利于阴极锌的析出。

（2）添加剂的加入必须适时、适量，否则同样不利于阴极锌的析出。

B 电解液循环操作岗位

电解液循环操作岗位一般包括密度岗位、废液泵岗位、总流量岗位、化验岗位、新液泵岗位、锰矿浆岗位、掏槽岗位、空气冷却塔岗位等。

（1）密度岗位。

密度岗位操作规程如下：

1）接班时先查看上班原始记录，仔细了解生产情况及本班应注意事项。

2）接班后应逐槽列检查流量，确保下液管循环通畅，各列各槽流量均匀，杜绝跑冒滴漏。

3）按技术条件控制好流量，检查槽温、析出情况，及时做好记录。发现偏差应及时向班长等有关人员汇报，并做出相应调整。

4）晚班在凌晨一点、三点取析出锌代表样，观察析出情况。

5) 出槽前 2h 左右进行析出锌取样，按每个生产班组所管电解槽生产的析出锌组成一批，送质量检验。

6) 每班对工艺设备进行巡视检查。每次巡检完毕，要做好情况记录。若发现电解槽严重漏液应采取临时措施保持液面，同时将情况报告上级部门，并通知维修人员进行修补。

（2）废液泵岗位。

废液泵岗位操作规程如下：

1) 仔细查看交班记录，详细了解生产情况和必须注意的事项，认真检查每台设备运行情况和备用设备的完好情况，检查工具、材料是否齐备、完好，本岗位处理不了的问题，应报告班长或者维修人员处理。

2) 与相关岗位联系，确定启动泵号，按设备操作规程检查泵、管道等设备是否完好，同时通知流量岗位注意流量变化，防止跑液。

3) 对泵房污水、废水池的污水按要求及时回收。

4) 下班前打扫卫生，清理工具，及时填写记录，进行设备维护、润滑保养。

（3）总流量岗位。

总流量岗位操作规程如下：

1) 班前认真查阅上班记录，了解生产情况并向本班各岗位交代清楚，凡需要维修设备故障，当班人员应及时与有关维修人员或管理部门联系登记或汇报。

2) 接班后详细检查总流量及其分配情况，注意废液罐、新液罐等的体积变化，防止跑液、冒液，防止新液罐底渣进入电解槽。

3) 认真执行巡检制度，控制总流量充足、稳定、均衡，当需要进行总流量调整的应通知有关岗位。

4) 根据化验结果控制废液酸、锌含量及废液酸、锌比在技术条件控制范围内，如遇生产不正常而达不到规定要求时，应及时报告上级部门。

5) 接班半小时内取新液样酸化后送分析测试中心，取样器内余液倒回新液溜槽，放置好取样器。注意观察新液质量，发现新液有异常情况，应立即报告上级部门。

6) 及时从分析测试中心取回新液化验单和取样筒，将结果填写在原始记录上，如某元素不合格，应立即报告上级部门。

7) 下班前认真填写交接班记录并向上级部门汇报本班生产情况。

（4）化验、新液泵岗位。

化验、新液泵岗位操作规程如下：

1) 查看上班记录，了解生产情况及当班注意事项，检查化验仪器、用具、试剂是否完好、齐备，检查新液泵的运作和备用泵的完好情况。

2) 每班对混合液及各系列废液采样，化验酸、锌成分四次，用中和容量法测定硫酸，EDTA 容量法测定锌量，每次化验结果及时通知总流量岗位，并填写化验记录，发现问题，分析原因，提出处理意见，每次化验完毕应洗净所有器皿，摆放整齐，填写记录，向班长报告异常情况。

3) 交班前维护好本岗位所管的设备、仪器、用具，打扫现场卫生，填写原始记录。

（5）锰矿浆岗位。

锰矿浆岗位操作规程如下：

1）班前查看上班记录，了解生产情况，逐一检查每台设备是否完好。

2）将料仓装足二氧化锰和碳酸锰，倒二氧化锰和碳酸锰时应注意捡出破布、砖块等杂物，以免损坏圆盘给料机。

3）按要求停、送锰矿浆。

4）早、中班负责接收二氧化锰、碳酸锰和阳极泥，接收二氧化锰、碳酸锰时须督促送料单位将二氧化锰、碳酸锰分别堆放在厂房内，以免雨水淋湿结块。

5）工作完毕后及时打扫现场卫生，填写原始记录。

（6）掏槽岗位。

掏槽岗位操作规程如下：

1）掏槽前向总流量岗位了解生产情况，报告准备所掏列数，如情况不宜掏槽，应向生产调度报告，请示是否停掏。

2）掏槽前检查各自使用的工具、设备是否完好，并做好相关的准备工作，通知密度岗位适当加大掏槽列的流量，与锰矿浆岗位联系好送液时间。

3）吊出槽内小于1/3的阴阳极板，再用水将槽间板冲洗干净后，即可开始抽液。掏槽操作，必须始终保持槽内液面高度在2/3以上。槽内阳极泥应掏干净，所有其他杂物应取出，送往指定堆放地点，同时应保护电解槽，防止损坏槽。

4）当清理完毕一个电解槽时应检查电解槽有无损坏，应及时做好记录。灌液时不能冒槽，每槽掏完后装好极板，检查导电情况，调正错牙，调匀极距。

5）掏槽将结束时，提前两槽的时间通知密度岗位恢复正常流量，防止冒槽，当掏槽全部结束即收拾工具，打扫现场卫生，填写原始记录，并汇报掏槽情况与所掏的列、槽数。

（7）空气冷却塔岗位。

空气冷却塔岗位操作规程如下：

1）开车前检查塔体、捕液装置、进液和淋液装置、结晶清理孔是否完好；风机、电动机、地脚螺丝等紧固件是否牢固可靠；电动机地线、风机、减速机护罩等安全装置是否完好；转动部分是否有障碍物，可用手转动风机叶片1~2转；风机护网是否完好。

2）与相关岗位联系，按要求开、停车，每隔两小时记录一次各塔出液温度和电动机电流。经常检查设备运行情况，发现风机响声异常或其他故障时应立即停车检查处理。

3）按时按量添加碳酸锶，倒入碳酸锶时应先停搅拌机，倒完后及时捞出杂物，调整好水量，然后启动搅拌机。

4）下班前认真填写有关记录，并向流量岗位汇报本岗位设备运行情况。

电解的主要技术条件：

槽温	38~42℃
流量	均匀、稳定
槽电压	3.2~3.6V
电流密度	300~600A/m²
析出周期	24h

注意事项：

（1）技术条件控制中，要根据不同的电流密度情况，调整电解液中酸、锌含量以及槽温。

（2）酸、锌比的化验作为技术条件的重要参考依据，必须化验准确。

C　电解液净化操作

湿法炼锌在中性浸出过程中，铁、砷、锑、锗等杂质大部分通过中和水解作用从溶液中除去，但仍残留铜、镉、钴、镍及少量砷、锑、锗等杂质。这些杂质的存在不符合锌电积的要求，将显著降低电积电流效率与电锌质量，增大电能消耗，对锌电积是极为有害的，故必须进行净化，一方面除去有害杂质，提高硫酸锌溶液的质量；另一方面有利于有价金属的综合回收。

硫酸锌溶液的主要杂质分为两类。第一类：铁、砷、锑、锗、铝、硅酸；第二类：铜、镉、钴、镍。

对于第一类杂质，在中性浸出过程中，控制好矿浆的 pH 值即可除去大部分。

对于第二类杂质则需向溶液中加入锌粉并加入 Sb 盐、As 盐等添加剂，使之发生置换反应沉淀除去，或者向溶液中加入特殊试剂，如黄药使之生成难溶性化合物沉淀除去。

世界各国湿法炼锌厂硫酸锌溶液净化大多采用砷盐法和反向锑盐法，以达到深度净化的目的。

硫酸锌的中性上清液经过净化后所得到的产物，即净化后液，其质量标准为（g/L）：
Zn 130~180，　　Cu≤0.0002，　　Cd≤0.0015，　　Fe≤0.03，　　Ni≤0.001，　　Co≤0.001，
As≤0.00024，　　Sb≤0.0003，　　Ge≤0.05，　　F≤0.05，　　Cl⁻≤0.2

溶液呈透明状，不混浊，不含悬浮物。

硫酸锌溶液净化的几种代表方法如表 7-2 所示。

表 7-2　硫酸锌溶液净化的几种代表方法

流程类别	一段净化	二段净化	三段净化	四段净化	工厂举例
黄药净化法	加锌粉除 Cu、Cd，得 Cu-Cd 渣，送提 Cd 并回收 Cu	加黄药除 Co，得 Co 渣，送去提 Co			株洲冶炼厂
锑盐净化法	加锌粉除 Cu、Cd，得 Cu-Cd 渣，送回收 Cd、Cu	加锌粉和 Sb₂O₃ 除 Co，得 Co 渣，送回收 Co	加锌粉除 Cd		西北冶炼厂；Clark Sville 厂（美）
砷盐净化法	加锌粉和 As₂O₃ 除 Cu、Co、Ni，得 Cu 渣回收	加锌粉除 Cd，得 Cd 渣，送提 Cd	加锌粉除复溶 Cd，得 Cd 渣，返回二段	再进行二次锌粉除 Cd	神冈厂（日）；秋田厂（日）；沈阳冶炼厂
β-萘酚法	加锌粉除 Cu、Cd，得 Cu-Cd 渣，送提 Cd 并回收 Cu	加亚硝基-β-萘酚法除 Co，得 Co 渣，送回收 Co	加锌粉除复溶 Cd，得 Cd 渣	活性炭吸附有机物	安中厂（日）；彦岛厂（日）
合金锌粉法	加 Zn-Pb-Sb 合金锌粉除 Cu、Cd、Co	加锌粉除 Cd	加锌粉溶 Cd		柳州锌品厂

注意事项：

（1）电解液净化方法有很多种，需重点掌握黄药净化法和锑盐净化法。

（2）硫酸锌溶液中杂质的存在对锌电解非常有害，因此，净化后液必须达到质量标准。

7.3.3.4 出装槽

A 阴极、阳极的处理及物化要求

（1）阴极的处理。

新阴极应先平整后经咬槽、热水浸泡除去表面油污，再通过刷板处理，拧紧导电片螺丝，以备出装槽使用。

带锌阴极在剥离析出锌时，表面常有剥不下的析出锌，必须铲掉板面的析出锌，平直极板。遇到个别铲不下的带锌阴极，放入咬槽处理。

对于不能继续使用的废阴极，必须卸掉导电头和阴极上的附着物，然后送阴阳极制造工序回收。

（2）阳极的处理。

阳极的处理如下：

1）上新阳极。将新阳极片放在专用平板台上进行平整后，两边套上绝缘塑料夹待用。

2）平阳极板。对弯棒、塌腰、露铜、鼓泡、接触、穿孔的阳极板进行平整，要求铲净阳极泥，平直板棒。更换孔洞直径大于 40mm 或露铜严重的阳极。

3）废弃阳极。对生产中不能用的阳极，铲净阳极泥，卸下绝缘塑料夹，分类集中堆放，转运至阳极班重新浇铸。

（3）阳极化学成分与物理规格。

化学成分：Pb-Ag 二元合金银含量一般为 0.5%~1%，其余为 Pb。多元合金各厂的情况有异。

物理规格：无飞边毛刺，不露铜，无缺陷，焊补平整。

（4）阴极化学成分与物理规格。

由纯铝板（铝含量不低于 99.7%）制成，厚 2.5~5mm，由极板、导电棒（硬铝制）、导电片（铜片、铝片）、提环（钢制）和绝缘边（聚乙烯塑料条粘压）组成。

通常阴极的长和宽比阳极大 20~30mm，这是为了减少在阴极边缘形成树枝状沉积。

物理规格：

1）导电棒无裂缝、无飞边毛刺，浇口平整、螺孔完整；吊环、挂耳无裂纹及缺陷。

2）板、棒及挂耳或吊环须平整、垂直，焊缝表面无夹渣及残留焊药。

3）塑料边整齐，无流淌、错位现象，底端与板齐平。

（5）注意事项。

1）新阴极在使用前，先经过咬槽处理，这对于锌的析出及阴极的使用寿命有一定的好处。

2）废弃阳极要把握好穿孔的大小。

B 清理电解槽及供电线路、导电母线

（1）清理电解槽——掏槽。

操作分为横电操作、抽液及掏阳极泥、灌液与装槽几个步骤：

1）掏槽前向流量岗位了解生产情况，报告准备所掏列、槽数。如果情况不宜掏槽，则应向调度报告，请示是否停掏。

2）掏槽前准备：认真检查各自使用的工具、设备是否完好，对于吊车和地槽泵则按其操作与维护规程进行操作，通知比重岗位适当加大掏槽列的流量，与锰矿浆岗位联系好送液时间。

3）掏槽操作，必须始终保持槽内液面高度在 2/3 以上。

4）吊出槽内小于 1/3 的阴阳极板，再用水将槽间板冲洗干净后，即可开始抽液。

5）槽内阳极泥应掏干净，所有其他杂物应取出，送往指定堆放地点，同时应保护电解槽，防止损坏。

6）当清理完毕一个电解槽时应检查电解槽有无损坏，如有，应及时做好记录，通知维修人员处理。灌液时不能冒槽，每槽掏完后装好极板，检查导电情况，调正错牙，调匀极距。

7）掏槽将结束时，提前两槽的时间通知比重岗位恢复正常流量，防止冒槽。当掏槽全部结束后收拾工具，打扫现场卫生，填写原始记录，并向调度汇报掏槽情况与所掏的列、槽数。

（2）清理供电线路。检查整个供电回路，紧固所有母线接头夹板螺丝，清除绝缘缝、绝缘瓷瓶以及母线板上的所有杂物、结晶，擦亮首尾槽母线，确保导电良好，减少漏电。

（3）电解槽及供电线路的配置方式。

电解槽按列次组合配置在一个水平面上，构成供电回路系统。如某厂每 240 个电解槽配以一个供电系统（即一个回路），在这个系统中，又按每 40 个串联的电解槽组成一列，共六列。在每一列电解槽内，每个槽中交错装有阴阳极，同极距离（中心距）58~60mm，槽与槽之间，依靠阳极导电头与相邻一槽的阴极导电头片搭接来实现导电，列与列之间设置导电板，将前一列或最后一槽与后一列的首槽接通。因此，在一个供电系统中，列与列、槽与槽之间是串联电路，而每个电解槽内的阴阳极则构成并联电路。

（4）电解液的循环系统。

由冷却塔或蒸发冷冻机冷却后的电解液，经中间槽自流，或用泵送到供液溜槽，再从供液溜槽的侧下部的软胶管供给每个电解槽。经电解沉积后的电解液，从电解槽出液端的溢流堰溢出。先在溜槽中汇集，以后流入地槽，用泵送至浸出工序。当电解作业采用大循环时，有部分废液则应送去先与新液混合后冷却，或先冷却后与新液混合供给电解槽。

（5）注意事项：

1）掏槽时，注意析出情况，反溶严重时，要立即停止掏槽。

2）清除绝缘瓷瓶以及母线上的杂物时，应先将电流降低，以防被电击。

3）紧固母线接头夹板螺丝时，要交叉对称进行，不可用力过大，以防崩断螺杆。

C　出装槽操作

a　出装槽操作内容

出装槽是每隔 24h（也有的工厂是 48h 或 16h）将每个电解槽内带锌阴极取出送去剥锌，再将合乎要求的阴极铝板装入电解槽，继续进行电解沉积。出装槽操作质量好坏，直接影响到电流效率的提高和电能消耗的降低，是电解沉积锌的主要操作之一。作业步骤包括把吊、剥锌、上槽、平刷板、吊车等工作。

b "四关七不准"操作法

（1）槽上"四把关"：

1）导电关：导电头擦亮光打紧，两极对正，保证导电良好，消灭短路、断路。

2）极板关：记准接触，及时平整阳极，分清边板，不合格的阴极板不准装槽。

3）检查关：精心检查、调整，极距均匀、无错牙，槽上清洁无杂物，杂物不得入槽内。

4）添加剂关：适时、适量加入添加剂（吐酒石、骨胶等）。

（2）槽下"七不准"：

1）导电片松动、发黑、螺丝松动的板不准上槽。

2）弯角弯棒、板面不平整的板不准上槽。

3）带锌的板不准上槽。

4）透酸、有花纹、不光亮的板不准上槽。

5）塑料条开裂、掉套的板不准上槽。

6）板棒脱焊、裂缝的，导电棒、吊环或挂耳断裂，板面有孔眼的板不准上槽。

7）未经过处理的新阴极板不准上槽。

c 相关岗位操作规程

槽上岗位根据剥离析出情况，需加入吐酒石时，按班长安排称取所需的吐酒石，用热水配制溶液，准备好擦导电头布及记录接触的纸条，冲好擦导电头热水，检查吊具是否牢靠，摆放好槽上阴极靠架。配合吊车工套稳锌电解阴极板，将析出锌阴极挂吊出槽，吊至剥锌现场，每槽分两吊出槽，第一吊出槽后，装满阴极板，方可出第二吊。出装槽2h后方可加胶。胶的加入量视电流密度、溶液含杂质情况及析出锌表面状况而定，一般控制量每列不大于10kg。

剥锌岗位准备好剥锌工具，检查落板架，摆好锌片靠架。剥锌时首先要抓稳阴极板，再用扁铲振打析出锌靠液面线附近的锌片，一般不许振打铝板，以保持板面平整、板棒平直。剥离锌片后的铝板，不合格须处理的板，分别堆放。上槽回笼板应摆放整齐，导电头交错放置。

平板岗位首先将前一天下咬槽的阴极板取出，吊到洗槽烫洗干净后停靠在平板台旁。经平整的阴极板必须板、棒平直，塑料条完整无缺，导电片螺丝拧紧。不能继续使用的铝板应剔除，其中脱焊的板集中送阴极制造工序焊补；难以凿去带锌的板吊往咬槽；报废的板应卸下导电头，集中送往废铝板堆放场。平板完毕后，清理工具，打扫现场卫生，丢弃的废板数要报告班长，卸下的导电片分类清数交到工段，并做好相关的记录。

刷板岗位开车前检查设备是否正常，然后按要求进行刷板操作，保证刷板质量，如发生设备故障，应立即停车，仔细检查，本岗位处理不了的故障应及时通知维修人员处理。操作完毕停车后进行现场和设备的清扫、维护。向班长报告本班刷板数量和损坏板数量，及时填写设备运行记录，做好班长分配的其他工作。

把吊岗位工作前仔细检查胶皮圈、钢丝绳、吊钩等吊具是否符合安全要求。导电片及阴极板、棒应冲洗干净，无黏附杂物，做到物见本色。挂板时胶皮圈要挂牢、挂稳，每吊数量应等于每槽装板数，并配好相应的边板，发现不合格板，应剔出送平、刷板岗位处理。锌片堆满一吊或剥锌完毕，应及时挂吊运往叉车道。挂吊完毕、吊走锌片后，清洗全部周转板并清点数量，整齐摆放，清点周转板数量并报告班长，需要下咬槽的板吊往咬槽。清扫的碎锌不得混有杂物，用水清洗，堆放在指定的锌片堆上面（送锌合金），然后再吊运废阴、阳极板和阳极泥、垃圾等物。下班前关闭水阀、汽阀，收拾工具、用具。

d　注意事项

（1）槽上操作时，要注意用扁铲敲打导电片的方法，使导电片夹紧力度适中，接触面大。

（2）加添加剂时，要结合当班的生产情况，注意加入时机及加入量。

7.3.3.5　槽面操作

A　槽面操作的基本知识

出装槽完毕后，调整阴、阳极间距，要求极距均匀；纠正"错牙"现象，要求所有阴、阳极边缘对齐，保持在一条线上以及阴、阳两极保持在一个平面上，不倾斜；清理槽面杂物，清除槽间板上的结晶等杂物以及阳极板上的碎锌粒、阳极泥等，消灭短路现象。这些工作全面完毕后，应全面检查导电情况，检查方法有光照法、手摸法及扁铲法，后者常用。它是以扁铲跨接两个阴极导电头，如有火花产生，表示不导电或导电不良，其原因有以下三个方面：

（1）阴极导电片松动；阴极导电头太细；阴、阳极夹（搭）接不良。

（2）阴极不导电。

（3）阳极不导电。

针对这些具体情况，必须及时处理，确保导电良好。

B　岗位操作规程

出装槽操作根据锌剥离析出情况，需加入吐酒石时，按班长安排称取所需的吐酒石，用热水配制成溶液，准备好擦导电头布及记录接触的纸条，冲好擦导电头热水，检查吊具是否牢靠，摆放好槽上阴极靠架。配合吊车工套稳锌电解阴极板，然后将析出锌阴极挂吊出槽，出槽时，注意观察，记准接触，导电头要擦亮，擦布要拧干，擦布水不得流入槽内。严格检查阴极板质量，剔除不合格板送槽下处理。装板时对正极距，导电片夹紧，分清边板，严禁误装，确保每块板导电良好。

槽上检查及清理装槽完毕后，按槽上把四关要求逐槽逐片检查导电情况，调正错牙，拨匀极距，清除接触，消除相邻槽阴极棒尾与阳极棒头的接触短路，并逐片检查校直极棒，消除塌腰阳极，防止断电。擦亮首槽导电母线板和长棒阳极棒的导电面，消除槽上杂物，凡影响电效和质量的物料严防掉入槽内，保持槽上清洁。

平阳极板所有"接触"的阳极应进行平整，平阳极板必须垫上废铝板，不许阳极泥掉入槽内。铲除的阳极泥不得堆在走道上，应及时倒入阳极泥斗。铲净阳极泥后，用木锤平直板、棒。凡鼓泡、接触、穿孔，孔径大于40mm而不能使用的阳极要集中堆放在运输道上。废塑料夹、废手套、阳极泥等各种物料应分类集中堆放，及时送往指定地点，下班前应清扫走道。

C　注意事项

胶量加入过多会引起析出锌发脆、难剥。加入吐酒石，注意观察槽内溶液颜色变化，以防止过量造成"烧板"，加入量少则效果差，所以应做到适时适量。

7.4　故障及处理

常见的故障有：阴极锌含铜质量的波动，阴极锌含铅质量的波动，个别槽烧板和普遍烧板。

7.4.1　阴极锌含铜质量波动及处理

7.4.1.1　阴极锌含铜质量波动的原因

（1）溶液中铜含量的增加主要是受外界污染的影响，电解工在操作过程中不细致，造成铜污染物进入电解槽。

（2）烧板使阴极锌反溶而杂质仍然留在阴极锌片上，阴极锌的单片重量大幅度减轻。

（3）电流密度太低使阴极锌的单片重量减小，从而使阴极锌中铜含量相对增加。

7.4.1.2　阴极锌含铜质量波动的处理

对质量异常的处理方法是加强槽面操作，防止或减少外界污染对阴极锌质量产生影响；适当调整添加剂的加入量；降低溶液中杂质的含量；适当提高电流密度。

7.4.2　阴极锌含铅质量波动及处理

7.4.2.1　阴极锌含铅质量波动的原因

溶液中含铅增加的原因有两个：一电解槽上操作不细致，在对阳极的处理过程中使铅进入溶液；二溶液中的碳酸锶加入量太少。

7.4.2.2　阴极锌含铅质量波动处理

对质量异常的处理方法是加强槽面操作，防止或减少外界污染对阴极锌质量产生影响；适当调整碳酸锶的加入量。

7.4.3　个别槽烧板及处理

7.4.3.1　个别槽烧板的原因

由于操作不细，造成铜污物进入电解槽内，或添加吐酒石过量，使个别槽内电解液铜、锑含量升高，造成烧板；另外，由于循环液进入量过小，槽温升高，使槽内电解液锌含量过低，酸含量过高产生阴极反溶；阴、阳极短路也会引起槽温升高，造成阴极反溶。

7.4.3.2　个别槽烧板的处理

加大该槽循环量，将杂质含量高的溶液尽快更换出来，并及时消除短路，这样还可降低槽温，提高槽内锌含量。特别严重时还需立即更换槽内的全部阴极板。

7.4.4　普遍烧板及处理

7.4.4.1　普遍烧板的原因

产生这种现象的原因多是由于电解液含杂质偏高，超过允许含量。或者是电解液锌含量偏低、含酸偏高。当电解液温度过高时，也会引起普遍烧板。

7.4.4.2　普遍烧板的处理

首先应取样分析电解液成分，根据分析结果，立即采取措施，加强溶液的净化操作，以提高净化液质量。在电解工序则应加大电解液的循环量，迅速提高电解液锌含量。严重时还需检查原料，强化浸出操作，如强化水解除杂质，适当增加浸出除铁量等。与此同时应适当调整电解条件，如加大循环量、降低槽温和溶液酸度也可起到一定的缓解作用。

7.4.5　电解槽突然停电及处理

突然停电一般多属事故停电。若短时间内能够恢复，且设备（泵）还可以运转时，应向槽内加大新液量，以降低酸度，减少阴极锌溶解。若短时间内不能恢复，应组织力量尽快将电解槽内的阴极全部取出，使其处于停产状态。必须指出：停电后，电解厂房内应严禁明火，防止氢气爆炸与着火。另一种情况是低压停电（即运转设备停电），此时应首先降低电解槽电流，循环液可用备用电源进行循环；若长时间不能恢复生产时，还需从槽内抽出部分阴极板，以防因其他工序无电，供不上新液而停产。

7.4.6　电解液停止循环及处理

电解液停止循环即对电解槽停止供液，这必然会造成电解温度、酸度升高，杂质危害加剧，恶化现场条件，电流效率降低并影响析出锌质量。停止循环的原因：一种是由于供液系统设备出故障或临时检修泵和供、排液溜槽；二是低压停电；三是新液供不应求或废电解液排不出去。这些多属预防内的情形，事先就应加大循环量，提高电解液锌含量，减小开动电流，适当降低电流密度，以适应停止循环的需要，但持续时间不可过长。

7.5　实训必要说明

（1）本次实训为连续实训，各组可交替进行实训，各组交接班时要严格按照交接班要求进行，进行检查并填写相关记录。

（2）本次实训安排 24 个学时，实训类型为生产性实训。

7.6　实训报告及要求

（1）湿法炼锌浸出、净化、电解沉积操作要点有哪些？

（2）湿法炼锌浸出、净化、电解沉积操作常见故障及处理措施有哪些？

8 氧化铝制取操作实训

8.1 实训目的与任务

目的：

（1）按照氧化铝制取的原矿浆制备、管道溶出、赤泥洗涤、晶种分解、多效蒸发、排盐苛化、氢氧化铝煅烧生产相关安全规程、设备规程、技术规程的要求，掌握工艺准备、工艺操作技能。

（2）按照氧化铝制取的进料、冶炼、产出相关安全规程、设备规程、技术规程的要求，掌握进料、冶炼、产出操作技能。

任务：

（1）能按要求准备好溶出金属、液固分离、净化金属溶液、富集金属溶液、提取金属产品所需材料。

（2）能按浸出金属、液固分离、净化金属溶液、富集金属溶液、提取金属产品要求进行系统试运行。

（3）能按浸出金属、液固分离、净化金属溶液、富集金属溶液、提取金属产品方案进行操作。

（4）能做好进料前的准备工作。

（5）能按有关采样规程采集原料、辅料样品。

（6）能按安全技术操作规程进行作业。

（7）能读懂各种仪表显示数据。

（8）能填写各种生产原始记录。

（9）能正确进行设备的开、停机作业。

（10）能填写设备运行记录。

（11）能正确使用生产现场安全消防及环保等设备设施。

（12）能按技术操作规程进行产品放出作业。

（13）能按有关采样规程采集产出样品。

8.2 实训原理

本书氧化铝制取主要讨论拜耳法氧化铝生产工艺，由原矿浆制备、管道溶出、赤泥洗涤、晶种分解、多效蒸发、排盐苛化和氢氧化铝煅烧七个单元操作组成。

8.2.1 原矿浆制备生产简述

原矿浆制备是氧化铝生产的第一道工序。所谓的原矿浆制备，就是把拜耳法生产氧化铝所用的原料，如铝土矿、石灰、铝酸钠溶液等按照一定的比例配制出化学成分、物理性能都符合溶出要求的有一定的细度、配比均匀的混合原矿浆。通过磨机系统磨制出合格的原矿浆，送往预脱硅。保证矿浆脱硅温度和时间，再经过二次配料调整为溶出提供合格矿浆。

预脱硅过程中发生的两个反应如下：

$$Al_2O_3 \cdot 2SiO_2 \cdot 2H_2O + 6NaOH + aq \longrightarrow 2NaAl(OH)_4 + 2Na_2SiO_3 + aq$$
$$xNa_2SiO_3 + 2NaAl(OH)_4 + aq \longrightarrow Na_2O \cdot Al_2O_3 \cdot xSiO_2 \cdot nH_2O + 2xNaOH + aq$$

第一个反应式为溶解反应，第二个反应式为脱硅反应。

8.2.2 管道溶出生产简述

溶出系统的工艺原理实际上就是在高温的条件下，氧化铝水合物和氢氧化钠在溶液中反应生成铝酸钠溶液的过程，其反应如下：

$$Al_2O_3 \cdot H_2O + 2NaOH + aq \longrightarrow 2NaAl(OH)_4 + aq$$

8.2.3 赤泥洗涤生产简述

为获得符合晶种分解所要求的纯净铝酸钠溶液，将溶出矿浆进行 4~8 次反向洗涤是分离铝酸钠溶液和赤泥，尽可能减少以附液形式损失于赤泥中的 Al_2O_3 和 Na_2O。

8.2.4 晶种分解生产简述

过饱和铝酸钠溶液通过降温，加种子，不断搅拌，降低其稳定性，使 $Al(OH)_3$ 从铝酸钠溶液中析出，反应式如下：

$$NaAl(OH)_4 \xrightarrow{\text{晶种、搅拌、降温}} Al(OH)_3 \downarrow + NaOH$$

8.2.5 多效蒸发生产简述

溶液经多效蒸发器获得足够的热量使其中的水以水蒸气逸出，采取抽真空方法将其及时排走，从而使母液得到浓缩。浓缩后的母液再经过闪蒸降温、降压进一步浓缩，并回收部分热量。

8.2.6 排盐苛化生产简述

母液经强制效进一步浓缩到 320g/L 左右，碳酸钠溶解度随着溶液碱浓度的升高急剧下降。当碳酸钠超过其平衡浓度时，Na_2CO_3 即自溶液中结晶析出，在盐沉降槽中浓缩，溢流进入强碱液槽，底流经立盘真空过滤机分离。过滤得到的苏打滤饼用热水溶解，进入苛化槽与石灰乳混合，加热搅拌发生如下反应：

$$Na_2CO_3 + Ca(OH)_2 =\!=\!=\!= 2NaOH + CaCO_3 \downarrow$$

苛化泥经沉降后，底流送沉降作业区，溢流送循环母液调配槽。

8.2.7 氢氧化铝煅烧生产简述

来自过滤的合格 $Al(OH)_3$ 经过焙烧炉的干燥段、焙烧段和冷却段使之烘干、脱水和晶型转变，而生产出氧化铝产品。

8.3　实训内容与步骤

下面以某厂为例，介绍氧化铝制取操作。

8.3.1　原矿浆制备作业标准

8.3.1.1　系统开停车

A　天车

（1）开车准备。

1）检查抓斗、抓牙有无裂缝，各滑轮是否灵活好用及滑轮磨损程度。

2）检查钢丝绳的磨损情况，绳卡有无松动。

3）检查滑线有无裂纹、弯曲，固定是否可靠，滑线和滑块接触是否良好。

4）检查各部抱闸液压缸杠杆弹簧是否灵活好用及抱闸皮的磨损程度。

5）检查卷筒的磨损情况，钢丝绳的固定是否牢靠。

6）检查各限位开关是否灵敏好用，接点是否良好。

7）检查轨道有无裂纹、断裂及下沉，固定是否牢靠，轨道旁边是否有人及障碍物。

8）检查走轮是否磨损均匀及裂纹情况。

9）检查各安全设施是否完整好用，照明是否充足。

（2）开车步骤。

1）将所有的控制器操作柄转到零位。

2）合上总闸刀向天车供电。

3）发出开车信号，操作控制器缓和平稳地逐挡启动。

（3）停车步骤。

1）将大车开到指定的停车处停下，再将小车开到大车的一端，然后将抓斗放在料堆或地面上。

2）将操作控制器缓和平稳地移到零位。

3）拉下总闸刀，切断总电源。

（4）紧急停车及汇报、处理。

1）汇报主控室目前存在的问题，需处理的部位，处理的方案及时间，是否需要停车。

2）得到主控室同意后，方可开始进行。

3）按照作业标准要求，联系各相关岗位。

4）工作结束后，立即汇报主控室。

B　均化堆场及输送

a　布料小车

（1）开车准备。

1）联系电工检查电气绝缘是否合格。

2）检查布料小车周围有无影响设备运行的杂物等。

3）检查下料口是否畅通。

4）检查设备的润滑情况是否良好。

5）检查布料小车的位置是否在布料堆场上空的两个限位设施之间。

6）检查布料小车的各个连接件是否完好牢固。

7）检查堆场限位设施是否完好。

8）检查卸料皮带的刮料器与皮带的间隙是否符合要求。

（2）开车步骤。

1）使布料小车运动到指定位置。

2）从后往前依次启动与布料有关的皮带。

（3）停车步骤。

1）从前往后依次停下与布料有关的皮带。

2）使布料小车停到指定位置。

b　取料机

（1）开车准备。

1）联系电工检查电气绝缘是否合格。

2）检查操作盘送电前各把手是否置于"0"。

3）检查减速机、行走齿轮是否缺油。

4）检查各制动器是否灵活好用。

5）检查取料机上下周围是否有人工作，是否有妨碍运转的杂物。

6）检查取料小车和斗轮是否完好。

7）检查悬臂皮带是否破损，接头是否牢固，出料口是否畅通。

8）检查电源总开关是否合上。

（2）开车步骤。

1）合上总电源。

2）调整好料耙，使料耙处于适当位置。

3）在主皮带启动后，将操作盘上的斗轮转向开关扳倒斗轮作业需要的转向位置。

4）启动悬臂皮带机。

5）启动斗轮。

6）启动小车往返运行取料，通过点动大车控制前进距离，来控制取料量大小。

（3）停车步骤。

1）接到停车通知后，开动大车使取料机离开堆料工作面。

2）待取料斗中的物料卸完后，先停小车，再停斗轮。

3）待取料机悬臂皮带上的物料卸完后，停悬臂皮带机。

4）先切断控制电源，再关总电源。

c　皮带机

（1）开车准备。

1）检查皮带机周围有无妨碍皮带运转的物体。

2）检查下料口流槽内有无杂物堵塞，下料口衬板应完好。

3）检查皮带接头、拉紧装置是否有问题。

4）检查上下托辊、挡轮是否完整，转动是否灵活。

5）检查减速机油量是否在规定范围之内。

6）检查卸料小车位置是否准确无误。

7）检查地脚螺栓、对轮螺丝连接是否牢固、无缺损。

（2）开车步骤。

1）将料口翻板打到正确位置。

2）启动皮带机。

（3）停车步骤。

1）接到主控室停车指令后，待前面的设备已停车，皮带上的物料全部拉完后，直接按停车按钮。

2）如遇意外情况，直接拉下事故开关，通知主控室，联系相关人员进行处理，试车正常后，方可重新开车。

3）停车后应进行如下检查：检查各部紧固件是否松动；胶接处是否完好；清扫设备，保持环境卫生，各部润滑点必须清洁。

C 石灰乳制备

a 皮带机

（1）开车准备。

1）检查皮带机周围有无妨碍皮带运转的物体。

2）检查下料口溜槽内有无杂物堵塞，下料口衬板应完好。

3）检查皮带接头、拉紧装置是否有问题。

4）检查上下托辊、挡轮是否完整，转动是否灵活。

5）检查减速机油量是否在规定范围之内。

6）检查卸料小车位置是否准确无误。

7）检查地脚螺栓、对轮螺丝连接是否牢固、无缺损。

（2）开车步骤。

1）将料口翻板打到正确位置。

2）启动皮带机。

（3）停车步骤。

1）接到主控室停车指令后，待前面的设备已停车，皮带上的物料全部拉完后，直接按停车按钮。

2）如遇意外情况，直接拉下事故开关，通知主控室，联系相关人员进行处理，试车正常后，方可重新开车。

3）停车后应进行如下检查：检查各部紧固件是否松动；胶接处是否完好；清扫设备，保持环境卫生，各部润滑点必须清洁。

b 收尘设备

（1）开车准备。

1）联系电工检查电气绝缘。

2）检查各电动机、减速机、水泵、风机的地脚螺丝及连接螺丝有无松动。

3）检查各润滑点的油量是否充足，有无变质现象。

4）检查各设备转动部分及考克是否灵活。

5）检查蜗杆蜗轮咬合情况是否良好。

6）润滑风压三联件。

（2）开车步骤。

1）启动出灰输送机。

2）启动卸灰机。

3）启动清灰程序控制器。

4）关闭主风机吸风口阀门，启动主风机，运行平稳后，开启吸风阀门。

5）启动除尘器灰斗卸灰。

（3）停车步骤。

1）停车顺序：风机—清灰程序控制器—卸灰机—出灰设备。

2）停车后的检查：检查各设备的地脚螺丝是否松动；检查卸灰系统有无堵塞；检查各传动部位有无磨损；检查混合槽、水泵、风机是否正常，如有问题及时汇报处理。

c　环锤破碎机

（1）开车准备。

1）联系电工检查电气绝缘是否合格。

2）检查各安全设施是否完好。

3）检查各润滑点油质、油量是否符合要求。

4）检查电动机、减速机、地脚螺丝是否紧固。

5）检查下料口有无物料及杂物堵塞，机体、转子、挡板及驱动装置上有无积料。

6）检查衬板、锤头有无磨损，衬板螺栓是否紧固。

7）检查锤头的运动轨迹与筛板之间的间隔是否适中。

8）检查转子与锤轴之间有无松动。

9）启动前应先盘车 2~3 转，检查机内是否有异常响声，是否有卡滞现象。

（2）开车步骤。

1）开启排料皮带。

2）开启破碎机附属设备，启动破碎机。

3）正常后开启给料皮带向破碎机送料。

（3）停车步骤。

1）停给料皮带，停止喂料。

2）当破碎腔中无料后，停破碎机。

3）当排料皮带上无料后，停排料皮带。

d　化灰机

（1）开车准备。

1）联系电工检查电气绝缘。

2）检查各地脚螺丝、紧固件是否紧固。

3）检查机头仓石灰储量、水槽液量是否充足。

4）检查化灰及石灰渣出料流程是否正确。

5）检查各溜槽、下料口是否畅通，筛网是否完好。

6）检查石灰乳槽搅拌运行是否正常。

（2）开车步骤。

1）开启排渣皮带。

2）改好石灰乳流程，开启石灰乳槽搅拌及石灰乳泵。

3）开启化灰机，开启筛网冲洗水。

4）打开化灰机进水阀。

5）开启石灰给料机开始喂料，逐步加大喂料量直至石灰乳浓度正常。

（3）停车步骤。

1）停止石灰给料。

2）关闭进水闸门。

3）停化灰机。

4）停石灰乳泵。

5）待排渣皮带无料时停排渣皮带。

D 原料磨主控室

（1）开车准备。

1）通知各岗位做好开车前准备工作。

2）联系计控、电气人员进行开车前仪表电器检查。

3）检查各运行参数是否显示正常。

4）检查各泵浦、自控情况，是否可以自动开车。

5）检查各调节阀自控情况，是否灵活好用。

6）检查各皮带自控情况，是否可以自动开车。

7）检查冷却水液位是否正常。

（2）开车步骤。

1）开磨机润滑油泵，使油压稳定在要求的范围之内。

2）开启磨机冷却水阀门。

3）停车超过 8h，必须翻磨，具体步骤：合上慢驱齿轮，开启慢驱电动机，使磨机筒体转动 2~3 圈，停慢驱电动机，并脱开慢驱齿轮。

4）启动回转筛和磨机风机。

5）启动矿浆槽搅拌。

6）启动矿浆泵和碱液泵。

7）打开旋流器进口阀门，开启中间泵。

8）启动磨机。

9）启动板式给料机，开始给磨机下料。

10）打开冲返砂母液闸门，开启分级机。

（3）停车步骤。

1）停给料设备。

2）磨机继续运行 5~15min，用碱液刷磨。

3）待磨内物料排空后，停磨。

4）停中间泵和碱液泵。

5）停磨机的润滑油泵、回转筛、排风机、缓冲泵等设备。

6）停磨机的冷却水系统。

7）根据情况安排对磨机螺栓进行紧固，磨机停车后每 8h 需翻磨一次。

8）紧急停车及汇报、处理。

磨机系统保护跳停主要有：过电流、低电压、润滑低油压三种保护。出现系统保护跳停应采取以下措施：立即停止给料机下料，停中间泵，关闭入磨碱液阀门；联系电工检查处理，并立即汇报调度及有关人员；查明调停原因，排除故障；故障排除后按正常开车步骤启动磨机；若停车时间较长，要启动慢转电动机翻磨 2~3 圈。

E　原料磨巡检

（1）开车准备。

1）联系电工检查电气绝缘是否合格。

2）检查流程是否正确。

3）检查磨机润滑系统油箱油位、油压是否正常。

4）检查冷却水水量是否充足。

5）检查慢转状态是否处于脱离状态。

6）检查设备地脚螺栓是否紧固。

7）检查磨机上下、周围是否有人工作，现场有无妨碍设备运行的杂物。

8）检查回转筛网是否完好、有无堵塞。

9）检查磨头仓料位是否具备开车条件。

10）检查相关槽泵是否具备开车条件。

11）检查旋流器是否具备开车条件。

（2）开车步骤。

1）根据主控室要求，启动润滑油系统和冷却水系统。

2）停车超过 8h，必须翻磨，具体步骤：配合主控室合上慢驱齿轮，开启慢驱电动机，使磨机筒体转动 2~3 圈，停慢驱电动机，并脱开慢驱齿轮。

3）配合主控室启动中间泵、各槽搅拌和泵，使其运转正常。

4）配合主控室启动磨机等设备。

5）在确保返砂溜槽畅通的情况下，配合主控室调整入磨碱液量，来调整矿浆浓、细度。

6）配合主控室启动给料皮带给磨机喂料，根据要求调整下料量。

（3）停车步骤。

1）根据主控室要求，停下给料皮带。

2）配合主控室，停磨机，停中间泵和碱液泵，停磨机的润滑油泵、回转筛、排风机、缓冲泵等设备，停磨机的冷却水系统。

3）各槽打空后停搅拌和泵浦。

4）停磨后检查各紧固部位螺丝是否松动，各管道、溜槽、槽体有无泄漏，饲料器、旋流器有无异常；仪表、电源控制箱是否完好。

5）根据具体情况确定是否放料。

6）根据情况安排对磨机螺栓进行紧固，磨机停车后每 8h 需翻磨一次。

7）紧急停车及汇报、处理。

磨机系统保护跳停主要有：过电流、低电压、润滑低油压三种保护。出现系统保护跳停应：立即停止给料机下料，停中间泵，关闭入磨碱液阀门；联系电工检查处理；查明调停原因，排除故障；故障排除后按正常开车步骤启动磨机；若停车时间较长，要启动慢转电动机翻磨 2~3 圈。

8.3.1.2 正常作业

A 天车

正常操作及注意事项：

(1) 抓料动作要快、稳、准。

(2) 所抓区域矿石要准确，各区域矿石一定要一抓到底。

(3) 正常情况下应避免板式机尾料仓出现空仓现象。

(4) 操作中严禁打倒车。

B 均化堆场及输送

a 布料小车

(1) 布料小车采取来回均匀布料，不允许定点布料。

(2) 布料作业可采用集中控制。

(3) 不允许在同一个堆场同时布料和取料。

b 取料机

(1) 开车前必须发出信号。

(2) 取料大小要均匀。

(3) 取料必须取到底、到边。

c 皮带机

(1) 将料口翻板打到正确位置。

(2) 启动皮带机。

C 石灰乳制备

a 皮带机

(1) 将料口翻板打到正确位置。

(2) 启动皮带机。

b 收尘设备

(1) 运行中要经常巡回检查，发现异常问题要及时排除。

(2) 风机频率、反吹风压必须控制在要求范围内。

c 环锤破碎机

(1) 发现杂物立即停车并清除。

(2) 破碎粒度要均匀。

(3) 密切关注设备情况，出现问题及时处理并汇报。

d 化灰机

(1) 目测石灰乳浓度，如不合格，立即调整石灰与水的配比，保证石灰乳指标。

(2) 石灰乳浓度稳定后，每小时检查石灰乳浓度，并根据石灰乳浓度的变化，调整石灰下料量或水的流量。

（3）每两个小时向化验室要分析结果，并根据结果调整下灰和水量比例，防止指标波动过大，以确保指标合格稳定。

D 原料磨主控室

（1）磨内 L/S 在 0.5~0.8 之间。

（2）矿浆细度符合指标要求。

（3）下料量应保持稳定，需调减下料量时必须经主管领导和调度室同意。

（4）旋流器返沙溜槽要保持畅通，如有堵塞及时清理。

E 原料磨巡检

（1）根据化验分析结果及时调控各项指标，使其达到要求范围。

（2）下料量波动大于 5t/h 及时进行调整，每次断料不得超过 10min。

（3）密切关注各溜槽、下料口和管道是否畅通。

8.3.1.3 巡检路线

A 天车

均化堆场→抓斗起重机（抓斗→大车走轮→大车传动→导电轮→小车走轮→小车传动→卷扬部分→控制系统）→矿石料斗→1 号皮带。

B 均化堆场及输送

1 号皮带→布料小车→1 号、2 号取料机（钢轨→电动机→减速机→联轴器→制动器→悬臂→车轮→斗轮→电缆卷筒）→2 号~5 号皮带→皮带卸料机→磨头碎矿仓。

C 石灰乳制备

石灰堆场→抓斗起重机→1 号皮带→破碎机→2 号、3 号皮带→皮带卸料机→收尘器→化灰石灰仓→给料机→化灰机→排渣皮带→出料泵→石灰乳槽→石灰乳泵→4 号、5 号皮带→皮带卸料机→磨头石灰仓。

D 原料磨巡检

磨头碎矿仓→磨头石灰仓→给料机→给料皮带→润滑油站→中间池→中间泵→矿浆泵→母液泵→磨机慢驱电动机、减速机→磨机电动机→磨机减速机→磨机轴承→磨机筒体→磨机进料口→水力旋流器→回转筛→矿浆槽搅拌→碱液槽。

8.3.2 管道溶出作业标准

8.3.2.1 系统开停车

A 预脱硅

（1）开车准备。

1）泵、槽停车超过 24h，开车前必须找电工检查电器设备。

2）设备大修或新安装的设备开车时，联系电钳工检查机电设备。

3）检查仪表显示是否正常和安全装置是否好用。

4）检查泵和搅拌润滑良好，盘车一周以上无问题，泵冷却水畅通，搅拌试运行 3min 无问题停。

5）检查泵密封水，无泄漏，盘根密封良好。

（2）正常开车。

1）检查所有管道及溜槽插板流程是否正确。

2）联系主控室向预脱硅槽、母液槽送料，并上槽顶观察进料情况及溜槽情况。液位3m时开启搅拌，1号、2号预脱硅槽开蒸汽加热并注意排冷凝水，预脱硅温度保持在（100±5）℃。母液槽液位控制在（14±2）m。

3）接主控室通知开增压泵向装置注母液，注满后停增压泵放料。

4）接主控室通知开矿浆泵，由6号、7号槽向高位槽送矿浆，在高位槽加入适量母液。

5）接主控室通知母液循环，开启增压泵。

6）接主控室通知装置转矿浆，停增压泵，确保隔膜泵预压不小于0.18MPa。

（3）正常停车。

1）接主控室通知，准备停车。

2）接主控室停矿浆泵、母液泵，视情况决定预脱硅槽、母液槽是否继续送料，关闭进预脱硅槽蒸汽阀门。

3）接主控室开增压泵转母液，将高位槽抽空后停搅拌。

4）接主控室通知转水时，倒通水流程，停增压泵，关闭所有泵的密封水，打开放料阀。

5）确定各流程、阀门开关正确无误，挂"严禁打开""禁止合闸"等警示牌。

6）冬季应做防冻处理，如排空或长流。

7）如临时停车，注意观察各槽的液位和高位槽出料管密度计，以防冒槽或堵管。

B 隔膜泵

（1）开车准备。

1）检查并给各润滑部位注入足量的合格润滑油。

2）检查并对推进液油箱注入液压油至油标示孔的上限油位。

3）接通推进液系统控制用气源。

4）检查并给出料补偿器、推进液系统及安全系统蓄能器充入氮气至规定压力。

5）接通电控箱的总电源，试灯，检查两位三通电磁气阀是否正常工作。

6）启动润滑油泵、冲洗液油泵、推进液油泵、安全泵，检查各泵运转是否正常，各润滑点油量是否充足，冲洗液是否充足。

（2）正常开车。

1）接主控室通知增压泵已启动进母液后，逐个打开进料补偿器进料阀。

2）依次逐个打开进料补偿出料阀。

3）打开出料管连通上高压放料阀，排除管路内气体后关闭放料阀。

4）打开隔膜泵出料阀门。

5）打开隔膜室的放气阀，手动盘车使推进液系统向隔膜室内补油至各隔膜室补油灯不再亮时，关闭放气阀。

6）此时电控箱主机运行信号灯闪亮，表明已具备主电动机运转条件，通知主控室可启动主电动机。

7）启动主电动机后慢速运行，此时打开隔膜室的放气阀排除气体后关闭。

8）逐步提高隔膜泵冲次并认真检查各运转部位是否正常。

9）接主控室通知碱液切换成矿浆。

10）转入正常运行控制。

（3）正常停车。

1）在主控室停下主电动机和停冲洗泵、润滑泵、推进液泵、安全泵后应及时关闭进料补偿器进料阀，打开进料管路放料阀，放掉进料补偿器及进料管通余压和料。

2）关闭泵出料阀门，打开出料管路上高压放料阀，放掉出料管通内余压和料。

3）打开推进液系统手动截止阀，泄掉油压。

4）关闭推进液系统控制气源。

5）停车后的检查与处理：

①停车后应系统地认真检查应开的闸门，考克是否打开，应关的闸门是否关严。

②停车后把本岗位设备存在的问题及时向车间、值班室汇报。

③在检修人员拆卸液压部分时，要确保无压力后，才能允许工作。

④停车后要注意挂上"禁止打开""禁止合闸"警告牌。

⑤设备停车后，岗位人员应积极配合检修人员工作。

C　溶出主控室

（1）开车准备。

1）联系各岗位作好开车前的工作。

2）通知电工给除盐泵电动机外所有电动机、仪表等电器设备送电。

3）自蒸发器检修后联系专人恢复同位素液位计。

4）对所有电器设备、测量和控制系统、报警联锁系统、计算机系统进行调试和检查。

5）打开手动、电动终端阀，通知预脱硅向装置注母液。

6）E9放料阀能放出母液后，关闭电动终端阀，通知预脱硅停增压泵。

7）烘炉前夏季提前8h、冬季提前10h通知电工送SWT段电伴热，SWT段内管必须充满母液。同时，缓慢打开BWT1～BWT3的高压加热蒸汽阀门用蒸汽加热母液，以帮助提高SWT段内管温度，烘炉同时通知电工送余下盐罐、盐阀、熔盐管道的电伴热，温度升至180℃。

8）通知熔盐炉做烘炉工作，达到能够启动盐泵的条件。

9）E1前喷嘴全开，E系统调节阀开度30%～50%。

10）通知巡检工关闭K系统放料阀。

（2）正常开车。

1）通知各岗位检查流程是否正确，详细检查开车前所有联锁条件是否达到。

2）当达到启动盐泵条件时，通知预脱硅岗位开启冷却水泵。

3）通知预脱硅岗位关闭高位槽底部阀，开矿浆泵向高位槽备矿浆12.5m，停矿浆泵，并通知化验室取预脱硅样。

4）盐泵启动内循环的同时通知预脱硅岗位开增压泵向装置注母液。

5）当熔盐内循环回盐温度至270℃时，改为熔盐SWT2～SWT1段循环，当回盐温度大于270℃时，通知熔盐炉岗位改SWT4～SWT1段循环，通知电工停所有电伴热，并关闭BWT1～BWT3的高压加热蒸汽阀门。SWT4出口母液温度升至260℃。

6）打开终端阀，启动隔膜泵并通知泵房岗位，视回盐温度情况适当调整进料量，开启 E9 泵。

7）BWT 段有排不凝性气体排出后，通知巡检工关闭排不凝性气体阀。

8）当装置进料量不小于 300m³/h，SWT4 出口矿浆温度达到 270℃时，通知预脱硅岗位转矿浆。

9）50min 后通知巡检工改为出料流程，通知沉降加洗液。

10）在母液循环加热过程，缓慢关 E1 喷嘴，调整 P2 压力到 6.0MPa 左右。及时控制 E、K 液位，尽快建立热平衡。

11）隔膜泵进料提到 340m³/h 时，注意观察和调整下列参数：①溶出装置中的压力和温度；②各级 E、K 液位。

12）装置稳定后，进行正常的生产控制，通知化验室取样，正常运行中应对下列参数进行监控和调整：①装置的温度和压力；②熔盐炉的出口盐温和 SWT 段的回盐温度；③各级 E、K 液位；④输送到主控室的其他数据；⑤所有故障报警显示信号。

13）按时填写好岗位操作原始记录，按时要化验结果，密切注意矿浆的固含、细度、配碱量、配钙量等配料情况，注意溶出后矿浆的溶出率，发现异常及时与有关岗位进行联系调整。

（3）正常停车。

临时停车：

1）通知熔盐炉岗位临时停车，逐步降低回盐温度，盐罐温度降至 280℃停炉、停盐泵。

2）停矿浆泵、母液泵并通知预脱硅岗位。

3）E1 喷嘴开至最大，停隔膜泵。

4）关闭终端阀（如果处理问题超过 1h，必须转母液）。

故障紧急停车：

遇到突发性故障，先停车后汇报，根据现场具体情况安排处理。

计划停车：

1）计划清洗或检修停车前首先必须制定出详细的计划停车清洗报告或检修清单。

2）通知各岗位装置计划停车，作好停车前的准备。

3）通知预脱硅开增压泵装置转母液。

4）通知熔盐炉岗位逐步降低负荷，计划停车，盐罐温度 250℃时，停炉，停盐泵。

5）转母液 1h 后，流程改为回母液槽，联系稀释槽岗位停加洗液。

6）装置温度降至 150℃左右，通知预脱硅转水。

7）通知溶出巡检依次打开 BWT9~BWT1 各段的排气阀。当 E1 压力降至 0.5MPa 时，依次打开 L9~L1 的气动排气阀，打开 K9 的排气阀。

8）E9 泵出口见到出水后，停隔膜泵，停 E9 泵。

9）K 系统无液位时，停 K9 泵，通知巡检工打开 K 系统所有放料阀。

10）向调度室汇报。

D 溶出巡检

（1）开车准备。

1）接到准备开车通知后，对本岗位的所属设备、管道进行目测检查，检查完通知主控室。检查内容包括：所有压力容器人孔盖和法兰连接口等都必须密闭；所有法兰连接螺丝齐全，必须把紧；按要求撤除所有插封板；所有阀门必须能灵活好用，润滑良好，盘根无泄漏。

2）联系电工给所属设备送电，检查同位素液位计恢复情况。

3）检查所有泵润滑良好，泵盘车一周无问题。

4）检查终端阀和 E1 调节喷嘴应为 100%，E 系统调节阀的开度应为 30%~50%。

5）打通 L 到 BWT、BWT 到各级 K 系统、各级 K 系统之间及 K9 泵的乏汽阀门和冷凝水流程，确保流程畅通。

6）关闭 BWT 各段的泄液角偶阀。检查 L1~L9 的排气阀是否关闭。

7）检查出料流程应为回母液槽流程，改通 E9 泵流程，打开放料阀。

（2）正常开车。

1）见到 E9 泵放料阀有料流出时关闭放料阀，通知主控室关闭终端阀。

2）配合主控室启动 E9 泵、K9 泵，并检查开启后是否正常。

3）BWT 各段有气体排出，立即关闭排不凝性气体阀。

4）适时排气保证停留罐的液位在 80% 左右。

5）接主控室通知及时改通往稀释槽的出料流程。

6）正常运行中做好点巡检工作，检查各设备的运行状况是否良好，特别注意检查以下内容：

①终端阀、E1 喷嘴和 E 系统各级调节阀的盘根和润滑情况。

②检查整个管道流程中是否有泄漏。

③定时检查 BWT 各段内冷凝水阀和排气阀，防止堵塞。

④定时排出 BWT 各段内的不凝性气体，检查冷凝水的 pH 值。

⑤如安全槽上有乏汽泄出，说明某处 L 气动阀或安全阀有泄漏，应查明原因及时处理。

⑥检查和调整好各级 K 系统的液位。

⑦保障好 E9 后溶出矿浆的取样。

⑧及时排除现场的污水和杂物。

⑨K9 泵、E9 泵 24h 倒换一次。

⑩定时检查停留罐排气阀是否畅通，停留罐法兰是否泄漏。

（3）正常停车。

1）接主控室停车通知后，注意观察主控室操作的各电动、气动阀门是否灵活好用。

2）接主控室打开 BWT 各段的排气阀、K 系统的放料阀。

3）检查 L 系统的气动阀和 K9 的气动阀是否打开。

4）停 K9 泵，并打开放料阀。

5）隔膜泵停止后，打开 E9 泵放料阀，停 E9 泵。

6）协助主控室做好其他临时停车工作。

E　熔盐炉

a　上煤

（1）系统开停车。

系统开停车要求在主操和副操的指挥下有步骤地进行，必须与下道工序积极联系，岗位之间密切配合，以保证开停车的顺利进行和生产的稳定和高效。

总的原则：根据 12 台熔盐炉的工作情况，为各台熔盐炉煤仓保证足够量的煤。

开车步骤：4 号皮带→3 号、2 号皮带→破碎机（除铁器）→1 号皮带→煤仓振动器→抓斗。

停车步骤与开车步骤相反即可。

（2）单体设备开停车。

1）抓斗起重机。

开车准备：

①检查抓斗、抓牙有无裂缝，各滑轮是否灵活好用及滑轮磨损程度。

②检查钢丝绳的磨损情况，绳卡有无松动。

③检查滑线有无裂纹、弯曲，固定是否可靠，滑线和滑块接触是否良好。

④检查各部抱闸液压缸杠杆弹簧是否灵活好用及抱闸皮的磨损程度。

⑤检查卷筒的磨损情况，钢丝绳的固定是否牢靠。

⑥检查各限位开关是否灵敏好用，接点是否良好。

⑦检查轨道有无裂纹、断裂及下沉，固定是否牢靠，轨道旁边是否有人及障碍物。

⑧检查走轮是否磨损均匀及裂纹情况。

⑨检查各安全设施是否完整好用，照明是否充足。

开车步骤：

①将所有的控制器操作柄转到零位。

②合上总闸刀向天车供电。

③发出开车信号，操作控制器缓和平稳地逐挡启动。

停车步骤：

①将大车开到指定的停车处停下，再将小车开到大车的一端，然后将抓斗放在料堆或地面上。

②将操作控制器缓和平稳地移到零位。

③拉下总闸刀，切断总电源。

④紧急停车及汇报、处理。

⑤汇报主控室目前存在的问题，需处理的部位，处理的方案及时间，是否需要停车。

⑥得到主控室同意后，方可开始进行。

⑦按照作业标准要求，联系各相关岗位。

⑧工作结束后，立即汇报主控室。

2）破碎机、皮带机、收尘器开车准备、开车步骤、停车步骤详见 8.3.1 石灰乳制备。

b 熔盐炉主控室

（1）开车准备。

1）联系电工测电气设备绝缘并为所有电气设备送电，检查计算机控制系统，报警正确无误，联锁信号指示正确。

2）检查现场所有仪表及自动控制阀，管路无泄漏。氮气压力大于 0.03MPa，纯度符合要求。

3）盐泵盘车自如，检查盐泵和减速机润滑是否良好。

4）检查风机挡板及风门位置，烟气挡板开关到位、灵活好用，手动活动烟气防爆门，保证灵活好用。

5）测量盐罐液位，上空小于 800mm，盐罐温度大于 200℃，随时观察熔盐管道的电伴热情况，有问题及时通知电工处理。

6）盘管预热：

①检查确认熔盐炉的操作控制系统处于正常的工作状态。

②打开烟气挡板，开启风机。

③除报警盘上熔盐流量、炉进口温度、下外温度报警外，其他报警消失时，开始运行盘管预热程序。

④控制炉子负荷，连续加热约 6~8h，直到 1 号、2 号炉达到盐泵启动条件为止。

（2）开车步骤。

1）当熔盐管道、SWT 段及盐阀电伴热温度大于 180℃，1 号、2 号炉达到盐泵启动条件时通知主控室已具备开车条件。

2）接主控室通知开启盐泵内循环，注意观察盐泵电流、盘管温度，检查炉底观察孔无漏盐现象、盐泵无异常。

3）点 1 号、2 号炉，小负荷提温，严格控制提温幅度不大于 20℃/h。当炉子出口温度达到 280℃时，按主控室要求，依次进行小、大循环。

4）在隔膜泵开启及熔盐回盐温度稳定后，按主控室要求调整好炉子出口温度，检查熔盐管道无变形无泄漏、盐阀开关到位。

5）正常运行中要及时测量盐罐液位大于 850mm（小于 500mm 报警）。随时监控运行中的参数，对计算机的程序和运行参数不得随意更改。

6）做好点巡检工作和记录，发现异常情况及时汇报。

（3）停车步骤。

1）临时停车。接主控室临时停车通知，炉子负荷降至最低，炉子出口温度降至 280℃时停炉、停盐泵，打开所有盐阀回盐，并随时准备开车。待烟气温度达 300℃，停风机，关挡板。

2）紧急停车。如遇盘管泄漏、盐泵故障及危及人身安全的突发事件应立即按下急停按钮，炉子、盐泵自动停车，打开盐阀回盐。

3）计划停车。

①接到主控室计划停车通知后降低炉子负荷，停炉。当炉子出口温度至 250℃时，停盐泵回盐。

②停风机，关挡板，关炉底观察孔。

③测量盐罐液位，通知主控室送盐罐电伴热，并做好记录。

c　排渣除尘脱硫

系统开停车要求在主操和副操的指挥下有步骤地进行，必须与上道工序积极联系，岗位之间密切配合，以保证开停车的顺利进行和生产的稳定和高效。

总的原则：根据 12 台熔盐炉的运行情况，确保各台熔盐炉的煤渣及时排出，烟气经过处理后排空。

排渣系统开车步骤：灰仓除湿器—渣仓收尘系统—渣 2 号皮带—提升机—渣 1 号皮带

—螺旋出料机。

除尘脱硫系统根据熔盐炉鼓风机的启动，随即启动除盐水泵—除尘器—脱硫系统。

停车步骤与开车步骤相反。

氨法脱硫系统的开停车：

（1）开车准备。

1）联系电工检查电气绝缘。

2）检查供水、电、汽、压缩空气、液氨等是否具备开车条件。

3）检查所有设备是否具备开车条件。

4）检查工艺流程是否正确。

（2）开车步骤。

1）当熔盐炉运行稳定且除尘器正常运行，脱硫系统可投入运行。

2）向脱硫塔注水，液位控制在 7.5m 左右，不得超过 8.5m，在水位达到 5m 时可开启循环泵。

3）启动搅拌冷却水系统，打开冲洗水冲洗 5min 后关闭。

4）开启搅拌机启动按钮，观察控制室内搅拌机的运行电流电压功率指标是否正常。

5）导通循环泵流程，开启循环泵。

6）启动氧化风机。

7）打开烟气出口挡板门，开始通热烟气，密切关注入塔烟气温度，逐渐关闭烟气旁路挡板门，必要时需要调节进口挡板门。

8）打开加热空气密封系统，温度正常值为 100℃。

9）塔底溶液的 pH＝4 左右时，开始手动加少量液氨，逐步调大添加量，达到正常值时切换到自动添加状态。

10）从进液氨开始，系统即进入循环增浓阶段，逐渐有硫铵晶体析出，当 pH＝6，同时脱硫塔底密度数值在 1300kg/m³（硫铵晶体浓度在 40%～50%）时，和主控室联系后，启动料浆输送泵向热电厂输送硫铵料浆。

（3）停车步骤。

临时停车：

1）打开烟气旁路挡板。

2）停增压风机，关闭烟气进出口挡板。

3）停吸收塔循环泵和液氨输送泵。

4）停硫铵料浆输送泵，冲洗所有浆液管道。

5）停氧气风机，并冲洗氧化空气管（每根管约 1min）。

6）冲洗 pH 测定仪。

计划停车：

1）停止向脱硫塔补水。

2）停止液氨添加，使 pH 值在 4.0~4.5 之间。

3）停氧化风机及冷却水系统，关闭管道的阀门。

4）当塔底硫铵溶液浓度小于 25% 时，停止硫铵料浆输送泵，冲洗所有浆液管道。

5）打开烟气旁路挡板门，停增压风机，关闭烟气进出口挡板门。

6) 停吸收液循环泵, 关闭进出口阀门, 打开吸入管放料阀, 管路中的料浆排净后, 关闭放料阀。

7) 启动循环泵冲水系统向循环管注满水, 1h 后打开管路中底部放料阀, 将物料排净后关闭放料阀。

8) 开启除雾器冲洗阀, 关闭进水阀, 冲洗 2~3min。

9) 将脱硫塔底部的残余液体放到地池中。

8.3.2.2　正常作业

(1) 抓斗起重机。

1) 抓料动作要快、稳、准。

2) 所抓区域矿石要准确, 各区域矿石一定要一抓到底。

3) 操作中严禁打倒车。

(2) 破碎机、皮带机、收尘器正常作业步骤详见 8.3.1.1。

8.3.2.3　巡检路线

A　预脱硅

预脱硅加热槽进料管道及阀门、蒸汽加热管道及阀门→槽搅拌→溜槽→槽下出料泵→倒料泵→滤箱→汽水分离疏水器→冷凝水泵→污水槽→污水泵。

B　隔膜泵

隔膜泵进口管道、阀门→进料补偿器→隔膜泵 (主电动机→减速机动力端→液力端→料端) 氮气包→管道分配器→隔膜泵出口管道、阀门→高位槽→母液槽→母液泵→洗水槽→洗水泵→污水槽→污水泵。

C　溶出巡检

隔膜泵出口管道→ BWT 段及乏汽管道→SWT 段及相关熔盐管道→停留罐→E1、L1~E9、L9 自蒸发器→K1~K9 冷凝水罐→K9 泵→稀释槽进口管道及阀门→稀释槽搅拌→稀释槽本体→稀释泵→稀释泵出口管道及阀门。

D　熔盐炉

a　上煤

煤堆场→抓斗起重机 (抓斗→大车走轮→大车传动→导电轮→小车走轮→小车传动→卷扬部分→控制系统) →1 号、2 号皮带→齿辊破碎机→3 号、4 号皮带→煤仓。

b　熔盐炉主控室

盐罐→盐泵→熔盐炉进口联箱→熔盐炉底炉排→风机→熔盐炉出口联箱→熔盐管道及阀门。

c　排渣除尘脱硫

螺旋出渣机→渣 1 号皮带→提升机→渣 2 号皮带→煤渣仓→灰仓→布袋收尘系统→烟气管道→空气热交换器→烟气除尘器→增压风机→烟气挡板→引风机→增压风机→脱硫塔→氨罐→加氨泵→工艺水泵→工艺水槽→氧化风机→吸收循环泵→硫铵浆液泵→硫铵浆液槽。

8.3.3 赤泥洗涤作业标准

8.3.3.1 系统开停车

A 开车准备

a 沉降槽

（1）确认各检修工作是否完毕，现场是否清理干净，人员是否离开，所有设备的安全隐患是否清除。

（2）联系电工检查电气设备。

（3）联系计控检查计控设备，确认沉降槽的各探测仪器是否完好可用。

（4）空试耙机能否正常运行（检查电流、扭矩是否正常，是否有异常声音），确认无问题后停耙机装置。

（5）确认沉降槽进出料流程畅通，闸门考克是否好用。

b 絮凝剂制备

（1）确认各检修工作是否完毕，现场是否清理干净，人员是否离开，所有设备的安全隐患是否清除。

（2）联系计控检查计控设备。

（3）联系电工检查电气设备。

（4）对各槽进行开车前的检查。

（5）对各泵进行开车前的检查。

（6）打开碱液槽进料流程，联系向槽内注碱液。

（7）向稀释水槽进水。

（8）向纯絮凝剂储槽进液体絮凝剂。

（9）将絮凝剂的调配操作按钮打到手动。

（10）准备絮凝剂调配流程。

c 粗液精制

（1）确认各检修工作是否完毕，现场是否清理干净，人员是否离开，所有设备的安全隐患是否清除。

（2）联系计控检查计控设备。

（3）联系电工检查电气设备。

（4）保证滤布无破损，做好叶滤各泵开车前的检查与准备。

（5）检查各连接螺丝是否松缺，松的紧好，缺的补上。

（6）检查高位槽内有无杂物与结疤，有则清理排除。

（7）检查进出料流程是否正确，管道是否畅通。

（8）检查各阀门是否灵活好用。

（9）检查碱洗阀是否关闭。

（10）联系灰乳制备输送灰乳，当灰乳槽开始进料时启动灰乳槽搅拌，灰乳槽满后联系停送石灰乳。

（11）向主控室汇报检查准备结果。

d 赤泥外排

（1）确认各检修工作是否完毕，现场是否清理干净，人员是否离开，所有设备的安全隐患是否清除。

（2）联系计控检查计控设备。

（3）联系电工检查电气设备。

（4）检查所有检修的设备、管道、闸门和仪表的工作是否完成，并协助有关人员验收。

（5）检查流程是否正确、畅通，各连接法兰是否密封，闸门是否灵活好用。

（6）首次开车前检查动力端十字头衬套是否清洁。

（7）检查动力端及推进液油槽油位是否正常，要求大于标尺的1/2。

（8）检查减速箱油位是否正常，要求不得低于油齿油位线。

（9）检查齿轮联轴节等各润滑点油质、油量是否符合要求。

（10）脉冲阻尼器预充压力，要求为最小工作压力的50%~60%。

（11）检查卸荷阀压力限制系统蓄能器，要求为最小设定压力的90%。

（12）检查推进液系统压力，要求为0.6~1.5MPa。

（13）检查动力端润滑油系统，要求压力为0.1~0.2MPa。

（14）检查备用设备是否可以随时启动。

（15）检查污水系统是否可以随时启动。

（16）各种安全罩及法兰防护罩是否齐全、牢固。

（17）向主操汇报检查情况。

e 赤泥压滤

（1）确认各检修工作是否完毕，现场是否清理干净，人员是否离开，所有设备的安全隐患是否清除。

（2）联系计控检查计控设备。

（3）联系电工检查电气设备。

（4）检查机架各连接零件及螺栓、螺母有无松动，应随时予以调整紧固，相对运动的零件必须经常保持良好的润滑。检查油泵站是否正常，油液是否清洁，油位是否足够。

（5）压滤机供油系统各点畅通，油量充足。

（6）压滤机各零部件完好，相关设备备用，各联锁控制处于正常状态。

（7）保证压滤机密封面光洁、干净，滤布无打折、破、漏。滤布检查正常，具备开车条件后汇报值班室。

（8）确认螺杆式空压机是否具备开车条件，并做好开车前的检查准备工作。

（9）开启空压机，向空气储罐储存压缩空气。当空气储罐压力达到工作要求压力后，停螺杆空压机。

（10）确认赤泥储槽搅拌具备开车条件，并做好搅拌开车前的检查工作。

（11）确认喂料泵及滤液泵具备开车条件，并做好开车前的检查工作。

（12）确认赤泥储槽、滤液槽清理干净和密封完好。

（13）确认压滤机具备开车条件，并做好开车前的检查工作。

（14）检查区域内进出料流程正确无误，管路连接无渗漏或堵塞，各阀门灵活好用。

（15）检查完毕后向当班主操汇报检查情况。

f 赤泥堆场

（1）确认输送压滤后赤泥滤饼的车辆到位及道路畅通。

（2）确认坝体是否出现异常状况，检查库内水位、排水及周围环境变化。

（3）检查确认库区有无塌陷现象，坝体有无上升、下沉或开裂等情况。

（4）检查车辆的完好情况，包括油、水和机械运转部位，必须能满足工作要求。

（5）检查确认坝区设施是否正常完善。

g 热水站

（1）确认各检修工作是否完毕，现场是否清理干净，人员是否离开，所有设备的安全隐患是否清除。

（2）联系计控检查计控设备。

（3）联系电工检查电气设备。

（4）确认热水加热器及各水泵具备投用条件，并做开车前的检查及准备工作。

（5）确认蒸汽管道暖管完备，蒸汽管道疏水阀门关闭。

（6）确认进出料流程正确，阀门及管道灵活畅通。

（7）打开热水站补水阀门，当缓冲热水槽液位达到 3m 时启动缓冲热水泵向热水槽注水，同时打开蒸汽阀门加热，根据热水槽水温适当调整蒸汽阀门开度。

（8）汇报主控室检查及准备结果。

B 系统开车

（1）在分离系统进料前向洗涤沉降槽注满热水，并加蒸汽保温，具体注水步骤如下：启动洗涤沉降槽耙机，启动热水泵向四洗沉降槽进热水，当四洗沉降槽有溢流后启动四洗溢流泵向三洗沉降槽进料，当三洗沉降槽有溢流后启动三洗溢流泵向二洗沉降槽进料，当二洗沉降槽有溢流后启动二洗溢流泵向一洗槽进料，当一洗槽注满后停热水及相关泵。

（2）接到主控室开车指令后，做好联系呼应确认。

（3）在分离槽进料前 1h 开启絮凝剂制备系统，配置好合格的絮凝剂。

（4）按主控室要求热水站接收溶出冷凝水，如果水量不能满足，再开蒸发不合格水及水道上水。开缓冲热水泵的同时开热水槽上蒸汽阀加热，启动热水泵及洗涤各溢流泵，当洗液槽有液位时，开启洗液泵开始向稀释槽送洗液。

（5）启动分离沉降槽耙机。

（6）接溶出主控室通知向分离沉降槽送料，同时进絮凝剂。

（7）分离槽进料时启动分离槽底流泵，小流量打循环。

（8）联系叶滤工序准备接收粗液，当有溢流流出后启动溢流泵外送粗液。

（9）当分离槽底流密度达到要求时停止底流打循环，改为和二洗溢流混合，进一洗沉降槽，同时加入絮凝剂。

（10）一洗槽进料时启动一洗槽底流泵，小流量打循环。

（11）当一洗槽底流密度达到要求时停止底流打循环，改为和三洗溢流混合，进二洗沉降槽，同时加入絮凝剂。

（12）当二洗槽底流密度达到要求时停止底流打循环，改为和四洗溢流混合，进三洗沉降槽，同时加入絮凝剂。

（13）当三洗槽底流密度达到要求时停止底流打循环，改为和热水混合，进四洗沉降槽，同时加入絮凝剂。

（14）当四洗槽底流密度达到要求时，启动四洗底流泵，然后通知外排泵房启动隔膜泵输送赤泥。

（15）根据各仪表数据对沉降槽进出料及絮凝剂流量进行调整，直到产出合格的溢流和底流。

（16）当粗液槽液位达到 3m 时启动粗液泵向叶滤机进料。

（17）当开启粗液泵时，同时开启石灰乳泵向开车的粗液泵进口输送石灰乳。

（18）当叶滤机产出合格精液时，汇报主控室联系种分作业区准备接收精液，精液槽液位达到 3m 以上时，启动精液泵向种分输送精液。

（19）当滤饼槽的物料没过最低层浆叶时，启动滤饼槽搅拌，开启滤饼泵向溶出稀释槽输送滤饼。

（20）当外排泵输送来的赤泥进入储槽并且赤泥液位没过底层搅拌时，启动储槽搅拌。当储槽液位到 3m 以上时启动喂料泵向压滤机送料，在压滤机滤液出口开始有滤液时启动压滤机。

（21）启动螺杆压缩机，打开压缩空气储罐出气阀门向压滤机提供压缩空气。

（22）当压滤机产出合格赤泥滤饼后启动排泥设备向赤泥输送汽车装泥，利用汽车将赤泥输送至赤泥堆场堆存。

（23）当滤液槽有一定的液位时，启动回水泵将滤液输送回厂区。

C　停车步骤

（1）联系溶出停稀释泵。

（2）停止向热水槽进水，待无液位后停热水泵。

（3）视情况拉空沉降槽，冲洗相应设备及流程，完毕后停相关设备。

（4）停絮凝剂制备系统。

（5）当末次洗涤槽无底流时停四洗底流泵，然后停外排隔膜泵，冲洗底流管。

（6）当赤泥储槽无料位时，停压滤机及喂料泵，停螺杆压缩机。

（7）当压滤滤液槽无滤液时，停滤液泵。

（8）联系石灰乳制备停送灰乳。

（9）当石灰乳槽无液位时停灰乳槽搅拌及石灰乳泵。

（10）粗液槽液位降至最低时，在叶滤机当前运行周期快结束时，停止叶滤机；停粗液泵；当滤饼槽无液位时停搅拌及滤饼泵。

（11）当精液槽无液位时，停精液泵，并联系通知种分主控室。

（12）紧急停车时的汇报及处理。设备出现异常状况不能正常输送物料，停电和影响安全作业时，及时紧急停车，切断电源，现场做好巡检和必要监护，随即向上级和调度汇报，做好记录，尽快处理和恢复。

8.3.3.2　正常作业

（1）分离沉降槽的进料温度不能太低，要求大于 98℃，正常温度为 103℃。

（2）洗涤槽的料温不能超过 100℃，也不能低于 90℃，过低会增加水解，温度过高超过沸点易发生危险，且影响絮凝剂的使用效果。

（3）各槽之间的温差不能过大，否则易引起结疤脱落造成堵塞。

（4）分离溢流浮游物小于 0.2g/L，高位报警值为 0.5g/L。

（5）各槽的进出料量应尽量保持平稳，否则会引起沉降效果不稳定。

（6）热水槽保证水量充足，温度达到生产要求。

（7）定期检查絮凝剂系统各储槽液位及絮凝剂配备质量。

（8）叶滤机机头压力及叶滤机产能稳定正常，精液浮游物不超标。

（9）压滤机运行稳定，所产滤饼含水率合格。

（10）控制好系统液量，确保各类槽不冒槽。

（11）做好区域内所有设备的巡点检，并做好各项原始记录。

8.3.3.3 巡检作业标准及路线

A 巡检作业标准

（1）接班后应对设备本身及生产流程进行一次全面检查。

（2）定时检查各岗位对设备的润滑情况，每班不少于 2 次。

（3）定时巡检，发现跑、冒、滴、漏现象及时处理，每班不少于 4 次巡检。

（4）每 2h 核对现场与微机的显示数据，并根据实际情况判断是否准确无误。

（5）检查电动机温度和电流，不得超过铭牌规定。检查电器部分有无烧焦味及打火等现象，发现异常及时联系电工处理。

（6）每 2h 观察耙机电流和扭矩，如有异常及时采取相应措施。

（7）按时对各探测仪器进行清洗，保证仪表显示数据的准确性。

（8）每 2h 检查外排隔膜泵的运行状况，如发现异常情况及时汇报处理。

（9）检查设备及周围的环境卫生情况，保持环境卫生干净整洁，地坪不得积存碱、油、水等杂物和其他障碍物。

B 巡检作业路线

（1）沉降及絮凝剂制备。

操作室→洗液槽槽下→洗液槽槽上→分离沉降槽槽下→公备槽槽下→四次洗涤沉降槽槽下→絮凝剂站→热水站→四次洗涤沉降槽槽上→公备槽槽上→分离沉降槽槽上→操作室。

（2）粗液精制。

碱液槽→碱液泵→石灰乳槽→石灰乳泵→粗液槽下→粗液泵→污水槽→滤饼槽→滤饼泵→热水槽→热水泵→精液泵→精液槽→粗液槽上→精液槽上→1 号～4 号叶滤机。

（3）赤泥压滤。

操作室→赤泥储槽下→喂料泵→赤泥储槽上→滤液槽下→滤液槽上→压滤机→螺杆空压机→压缩空气储罐→赤泥堆场→山体防洪沟→赤泥回水系统→工艺车辆线路→操作室。

8.3.4 晶种分解作业标准

8.3.4.1 系统开停车

A 分解系统开车准备

（1）检查安全设施是否齐全完好。

（2）检查所有电气设备绝缘合格，计控仪表完好，显示准确，设备润滑正常。

（3）现场生产用水水压、水量正常，泵浦设备上水压力、水量确认，回水流程正常畅通。

（4）各类泵浦设备正常盘车、空试正常；槽类搅拌空试正常。

（5）各类槽罐底流、人孔封好，阀门开关到位，安全措施齐全。

（6）检查所有工艺流程正确、完好，阀门开关到位，地沟畅通、无杂物。

（7）分解压缩空气风压达到 0.52MPa，并能持续保持风压的稳定。

（8）通知相关岗位准备开车。

（9）做好其他开车准备工作。

B　系统开车

（1）确认精液板式热交换器流程正确，联系赤泥沉降区送精液，并调整好板式压力；

（2）启动细晶种槽搅拌。

（3）细晶种槽液位达到 4m 时，启动细晶种泵将精液送至分解 I 段首槽，并将晶种槽液位稳定在 4~7m 范围内。

（4）启动 I 段分解首槽搅拌。

（5）分解首槽液位达到 1.5m 时，适当打开提料风阀，保持风管畅通。之后根据槽存情况调整风量，最终保持满液位运行（不出现短路），进出料平衡。后面各槽提料依此作业。

（6）根据液量情况，安排 I 段中间槽及尾槽扩槽。

（7）待 I 段尾槽液位满槽时，启动粗晶种槽搅拌。启动 I 段尾槽宽通道板式热交换器沉没式泵，向粗晶种槽进料。

（8）根据种分系统的温度情况，启动分解降温循环水泵和冷却塔，逐步启动 I 段其他宽通道板式降温。

（9）粗晶种槽液位达到 4m 时，启动粗晶种泵将料浆送至分解 II 段首槽，并将晶种槽液位稳定在 4~7m 范围内。

（10）待 II 段出料槽（13 号或 14 号槽）液位满槽时，尾槽液位达到 5m 以上启动尾槽（15 号槽）循环泵，打循环。

（11）启动细种子沉降槽搅拌。

（12）启动粗种子过滤机、真空泵、空压机、溢流槽搅拌，再启动种子旋流器，底流送粗种子过滤机，溢流送细种子沉降槽。

（13）调整粗种子过滤机进料量、溢流量、真空和吹风阀开度、转速至最佳状态。

（14）启动细种子沉降槽底流泵，打循环。根据底流固含情况，适时启动溢流槽搅拌，启动细种子过滤机及附属设备。

（15）调整细种子过滤机进料量、溢流量、真空和吹风阀开度、转速至最佳状态。

（16）种子过滤机启动后，当母液槽液位达到 2m 时，启动母液泵向细种子沉降槽进料；启动分级母液泵，向旋流器送母液。

（17）溢流槽液位达到 2m 时，启动溢流泵向分解尾槽送料。

（18）细种子沉降槽产生溢流进入溢流槽，启动溢流泵向板式送母液，与精液换热提温后送蒸发原液槽。

（19）根据液量情况，安排Ⅱ段分解槽中间槽扩槽。

（20）根据分解系统的温度情况，逐步启动Ⅱ段螺旋板式中间降温，并视水压、水温增开降温循环水泵和冷却塔。

（21）根据分解系统固含情况，启动成品旋流器，底流送平盘，溢流回分解尾槽，将分级用母液量调整至大小合适。

C　系统停车

（1）确认尾槽有足够缓冲空间，方可安排停车。

（2）在系统停车过程中，根据分解液量及时调整各槽的提料风量，保持各槽处于满液位，直至关闭提料风阀，联系调度中心通知空压机停车。

（3）逐步安排Ⅱ段降温螺旋板式停车。电动机频率调至10%以下，用母液将料相冲洗干净。关闭水相进出口阀门，并视水压、水温停下降温循环水泵和冷却塔。

（4）将成品旋流器沉没式泵电动机频率调至10%以下，用母液将管道冲刷干净，关闭母液阀门。

（5）将种子旋流器沉没式泵电动机频率调至10%以下，利用母液将分级底流管和溢流管冲刷干净。之后分级母液泵停下，将旋流器母液阀全部关闭。

（6）逐步关闭粗种子过滤机真空阀和吹风阀，停下真空泵、空压机，打开过滤机放料阀，滤浆槽冲洗干净后全部停车。

（7）溢流槽、母液槽存料拉空。溢流泵刷管后和母液泵安排停车放料。

（8）母液槽、溢流槽根据停车需要决定是否放空余料和停下搅拌（分解系统的分解槽、晶种槽、溢流槽、细种子沉降槽、母液槽和细种子溢流槽等槽类如果临时停车搅拌可以不停车，槽内保持适当料位；如果长时间停车，将槽内存料全部放空，搅拌停下）。

（9）粗晶种槽利用Ⅰ段出料将槽内固含尽可能进行置换降低，根据停车需要决定是否拉空存料和停下搅拌。如果不拉空存料，液位应保持在3~4m左右。

（10）将Ⅰ段宽通道板式中间降温沉没式泵电动机频率调至10%以下，并用水冲洗板式料相。

（11）粗晶种泵刷完管后，停车放料。

（12）联系蒸发原液岗位停下氢氧化铝浆液泵。

（13）联系成品焙烧区停送平盘母液和强滤液。

（14）将细种子沉降槽底流拉清，关闭沉降槽出料阀门，停底流泵并放料（系统短时停车，则安排细种子沉降槽底流打循环）。细种子沉降溢流槽拉空，停溢流泵并放料。

（15）板式热交换岗位缓慢打开母液相放料阀，放料。

（16）细晶种槽利用精液将槽内固含尽可能进行置换降低，根据停车需要决定是否拉空存料和停下搅拌。如果不拉空存料，液位应保持在3~4m左右。

（17）逐步关闭细种子过滤机真空阀和吹风阀，停下真空泵、空压机。打开过滤机放料阀，滤浆槽冲洗干净后全部停车。

（18）溢流槽、母液槽存料拉空，溢流泵刷管后和母液泵安排停车放料。

（19）联系叶滤岗位停精液。将板式精液相存料全部放净。

（20）细晶种泵刷完管后，停车放料。

（21）启动大循环泵，逐一将分解槽撤空，安排出料至相关岗位，顺序是由后向前。

（22）所有泵浦停泵均应放料，并关闭设备用水。

（23）所有槽罐、管道放空将污水槽打空停下。

8.3.4.2 正常作业

A 精液板式热交换器作业

（1）板式在作业过程中要保持压力稳定，两相压力差不能超 0.05MPa。

（2）通过调整精、母液流量，保证板式出口精液温度符合要求。

（3）根据精液量大小，合理开、停板式换热器。

（4）严防精液、母液、化清液之间相互窜料。

（5）定期倒开板式，每班对停用板式进行碱洗，化清液温度控制在（95±5）℃，浓度为 NK≥280g/L，压力≥0.15MPa。

B 细种子沉降作业标准

（1）经常注意耙机电动机运行电流高低，发现搅拌负荷增大时，加大底流泵出料量，待耙机运行电流正常后，再减小底流泵出料。

（2）经常检查溢流情况，保证进出料平衡，避免跑浑。

（3）与板式岗位联系，溢流泵的电流，即泵外送流量要保持稳定，避免流量过大或过小。

（4）根据板式岗位的开停车要求，倒开相应的溢流泵。

（5）沉降槽温度保持稳定，出现较大波动时要及时通知分解分级进行调整。

（6）定期对阀门进行活动，并对丝杆加油润滑，保持灵活好用。

（7）按点向化验中心索要指标，并做好记录。

C 分解分级作业标准

（1）及时根据取样分析结果调整分解两系列进料量和立盘过滤机开车台数、产能，使两系列精液量与种子添加量尽量平衡。一般情况下，各系列之间首槽 AO 浓度偏差不能大于 5g/L，固含偏差不能大于 50g/L。

（2）分解槽缓冲槽体积达到 5m 以上，启动循环泵，调整流量，保持出料槽满液位，保证旋流器沉没泵高效率地工作。

（3）加强联系，及时了解精液和原液情况，稳定液量。

（4）每四小时按规定取样一次进行自测分析，取样后半小时内必须读取结果，根据结果进行调整。取样作业：分解两系列取样点：1 号、3 号、4 号、14 号槽出口。样缸标志明显，缸体清洁无残渣、污物，缸盖齐全。取样前样缸在料中涮两遍，保证取样的准确性。取固含样要从溶液的中部取，样量为 250mL 左右。取样后要及时盖好缸盖。

取样时间：夜班 00：10、4：10；早班 8：10、12：10；中班 16：10、20：10。

（5）班中要对各系列各段首槽、中间槽、出料槽的温度和宽通道、螺旋板式热交换器降温情况准确地测量两次，并做好记录。

（6）正常情况下，每两小时要对分解槽运行状况详细地检查一次，以保证分解槽安全、稳定地运行。

（7）对拉槽和放料的槽必须用液面绳来量体积，以保证交班体积的准确性。

（8）对各班所负责的溜槽、宽通道和螺旋板式热交换器结疤箱要及时清理，以保证液量正常通过和板式热交换器降温效果。

（9）槽上提料风阀每个白班要活动一次风门，保证阀门畅通、好用。

（10）对各班所负责的机械搅拌槽的润滑部位要及时加油。按周期及时更换变速箱润滑油。

（11）清理或疏通溜槽等作业过程中，不得往槽内掉结疤，防止造成沉槽。

D　水力旋流器正常作业

（1）稳定进料压力，通过进料泵的电动机频率高低进行调整。

（2）稳定进料固含，如果固含太高，加大沉没式泵进口母液量来调整。反之则减小。

（3）稳定底流固含，如果固含太高，加大底流冲稀母液量来调整。反之则减小。

（4）根据成品洗涤和粗种子过滤机的进料大小，调整旋流子运行个数，必要时调整旋流器开车台数。

（5）根据Ⅰ段、Ⅱ段分解槽首槽固含粒度要求，调整种子旋流器压力、进料固含等条件，使分级效果（粒度分布）达到生产要求。

（6）根据氧化铝产品粒度要求，调整成品旋流器压力、固含等条件，使分级效果（粒度分布）达到生产要求。

E　种子过滤作业标准

（1）粗、细晶种槽液位稳定在4~7m范围内，避免过高冒槽，过低影响搅拌效果。

（2）发现搅拌负荷增大时，加大晶种泵送料量，待电动机电流正常后，再减小晶种泵送料量。

（3）调节过滤机进料，保持高液面作业，适当溢流。保持高真空，适宜的转速和吹风量，降低滤饼附液量。

（4）通过调整精液量、过滤机效率，使送往分解槽固含符合要求。

（5）真空泵、空压机、过滤机的开车要相互匹配，保持高效率。

（6）每班对阀门活动两次，保持丝杆润滑，灵活好用。

F　立盘过滤机作业标准

（1）过滤机要高真空、高液面作业。真空阀门开度2/3以上，以保证过滤机高效率工作。

（2）发现过滤布有洞要及时补布。布烂五个洞以上或挂烂无法补时要及时交班换布。必须查明布挂烂原因。

（3）布虽未烂，但由于使用时间较长（如无纺布），吸料效果不好的也要及时交班换布。

（4）要认真做好过滤机润滑、维护工作。每班要对过滤机认真地检查一次润滑油的情况，如缺油或变质，要及时加足或更换。

（5）发现过滤机各传动部位的螺丝松动要及时紧固，掉了的螺丝要及时补上。

（6）交班前要对过滤机的卫生进行认真的打扫，真空头、大瓦、漏斗和地坪都要清扫干净，达到无结疤、无结垢、无积料。

（7）定期对阀门进行活动，放料阀要保证灵活好用，不能有漏料和放不下料的现象。

（8）所有设备交班前必须开空车，接班后要及时把空车停下来。

8.3.4.3　巡检作业标准及路线

A　精液板式热交换器

（1）巡检作业标准。

1）对检查中发现的问题，要立即处理，不能处理的，应尽快通知主操。

2）对运行不正常及新投用的设备要增加巡检的次数。巡查要求仔细认真。

3）检查精液、母液两相的压力，不得超过 0.45MPa（4.5kg/cm²），两相压力差不得超过 0.05MPa（0.5kg/cm²）。

4）详细检查每台板式精液相和母液相流程改动方向是否正确。

5）检查板式是否有渗料、漏料现象，阀门是否灵活好用、有无窜料。

6）检查板式出口温度是否正常，计控仪表是否完好、显示是否准确。

7）检查化学清洗槽的液位情况，要保持 2/3 以上，严防打空泵。碱洗温度是否在（95±5）℃范围内。

8）检查化学清洗泵运转声音及振动情况是否正常；电动机温度、电流指示、轴承温度是否正常；螺栓紧固、泵及管道阀门密封等是否正常。电动机温升不得超过铭牌规定。轴承温度：滚动轴承夏季低于 70℃、冬季低于 60℃。

9）检查板式碱洗情况，化清液压力、回流状况是否良好。

10）检查母液浮游物是否超标。超标要及时通知细种子沉降查找原因并调整。

（2）巡检路线。

操作室→精液板式热交换器一楼北→板式→精液板式热交换器一楼南→化清槽→化清泵→精液板式热交换器二楼北→精液板式热交换器二楼南→操作室

B　细种子沉降

（1）巡检作业标准。

1）检查沉降槽电动机及传动系统运行是否正常。

2）检查沉降槽是否跑浑，发现异常及时处理，并和主操联系，进行调整，稳定指标。

3）认真检查沉降槽附属设备运行情况：有无振动、杂音等异常情况，发现异常要及时处理并做好记录。

4）检查泵浦密封冷却水的水质、水量，严禁断水。

5）检查电动机电流显示是否正常和稳定，温升及电流不得超过铭牌规定。电气部分有无烧焦味及打火等现象，发现异常及时联系电工处理。

6）检查各传动、运转及各联动部位螺栓是否齐全紧固。轴承温度：夏季小于 70℃、冬季小于 60℃。

7）检查各润滑点油量是否适中、润滑油是否变质、油箱是否漏油，根据情况适当加油或彻底换油，油箱漏油要及时汇报。

8）检查阀门及管道法兰是否有漏点，并采取措施处理，杜绝跑、冒、滴、漏；定期对阀门进行活动，并对丝杆加油润滑，保持灵活好用。

9）检查计控仪表是否完好，显示是否准确。

10）每小时巡回检查一次，设备不正常时不得离开现场。

11）认真填写各种记录。

（2）巡检路线。

操作室→溢流泵→溢流槽→沉降槽底→沉降槽顶→操作室。

C　分解分级

（1）巡检作业标准。

1）对检查中发现的问题，要立即处理，不能处理的，应尽快通知主操。

2）对运行不正常及新投用的设备要增加巡检的次数。巡查要求认真仔细。

3）注意观察分解槽机械搅拌运转情况，风压、各槽温度、尾槽液位、中间降温幅度等情况是否在规定范围之内。

4）每4h测量一次分解槽出料温度；每2h检查一次分解槽运行情况。

（2）分解槽巡检内容。

1）检查机械搅拌的运行情况，检查搅拌电动机及减速机的温度是否在规定范围之内。如油温超过80℃，应立即通知主操，联系相关人员前来检查。

2）检查润滑油压力、温度等仪表监控设备接线是否有松动等异常情况。

3）检查减速机及搅拌是否有异常振动及杂音。

4）检查减速机的油位是否在上、下标线之间。

5）检查润滑油泵的压力是否在要求条件之内（≤0.08MPa（0.8bar），主控制室内控制盘上油压信号显示正常）。

6）检查润滑油的过滤压差不大于0.2MPa（2bar），现场表盘显示蓝色。如显示红色，切换使用另一个过滤器，把较脏的过滤器卸下，用汽油或清洁剂冲洗并干燥，再安装上。

7）检查运转过程中润滑系统各油管、接头及减速机各密封面是否有漏油、渗油现象。

8）检查各槽液面及出料情况是否正常，确保温度梯度正常，尾槽温度符合要求。

9）检测精液量与种子量是否均衡，否则通知种子过滤岗位进行调整。

10）检查各槽进出料量是否平衡，提料是否正常，溜槽有无冒槽、漏料等现象。

（3）巡检路线。

操作室→尾槽循环泵→尾槽楼梯→尾槽顶→旋流器→Ⅱ段中间槽→Ⅱ段中间降温→Ⅱ段首槽→Ⅰ段尾槽→Ⅰ段中间降温→Ⅰ段首槽→操作室。

D　种子过滤

（1）巡检作业标准。

1）每小时认真、详细地巡回检查一次。对检查中发现的问题，要立即处理，不能处理的，应尽快通知主操。

2）检查空压机出口压力、真空泵的真空度高低。空压机、真空泵的水量适当。轴承温度夏季小于70℃、冬季小于60℃。

3）管道阀门、垫子，泵浦密封无渗漏现象。

4）检查晶种槽搅拌电流运转要平稳，液位稳定，无溢流现象，严防晶种泵打空泵。滤浆槽高液面，观察滤饼吸附情况，及时调整吹风大小（可以吹脱滤饼，以不往滤浆槽内掉入大量滤饼，同时又不使布鼓起幅度过大为宜）。

5）漏斗内有无积料。

6）检查刮刀与滤板间的间隙，扇形板的偏摆幅度是否大于10mm。根据需要进行调整，并检查刮刀的刃部是否光滑。

7) 检查扇形板的拉杆有无弯曲，弧形钢连接螺栓是否紧固，分配头是否松动、脱落及窜风。

8) 真空泵、空压机等皮带传动的设备，在设备启动、运行、停车等过程要对皮带松紧、磨损情况进行检查，发现问题要及时联系相关部门处理。

(2) 巡检路线。

操作室→一楼粗晶种泵（槽）→母液泵（槽）→溢流泵（槽）→细晶种泵（槽）→母液槽、溢流槽顶→真空泵→空压机→二楼晶种槽顶→三楼过滤机底部、管网→四楼粗种子过滤机→细种子过滤机→操作室。

8.3.5　蒸发作业标准

8.3.5.1　系统开停车

A　开车准备

(1) 检查安全设施是否齐全完好。

(2) 检查所有电气设备绝缘合格，计控仪表完好，显示准确，设备润滑正常。

(3) 现场生产用水水压、水量正常。泵浦设备上水压力、水量确认，回水流程正常畅通。

(4) 各类泵浦设备正常盘车、空试正常；槽类搅拌空试正常。

(5) 各类槽罐底流、人孔封好，阀门开关到位，安全措施齐全。

(6) 检查所有工艺流程正确、完好，阀门开关到位。地沟畅通、无杂物。

(7) 确认蒸发器、闪蒸器目镜、人孔、各种盘根、垫子完好，关闭蒸发器排空阀门、放料及放酸阀门。

(8) 改好蒸发站溶液、汽、水流程，打开凝结水及排污阀门，改好冷凝水板式热交换器流程，将回水流程改至赤泥洗水槽。

(9) 确认计控设备、仪表灵活，显示数据准确；将带有变频装置的设备调至最低转速，并将各调节阀调至适当开度。

(10) 检查排净所有热工管线及设备内存积的冷却水。

(11) 蒸发用蒸汽具备开车通汽条件。

(12) 将现场所有设备的控制开关转到"远程"位置。

(13) 做好各效、各闪蒸器及各冷凝水罐液位的设定。

(14) 准备工作就绪后，岗位人员准备开车，并联系调度通汽暖管。

(15) 通知相关岗位准备开车。

B　系统开车

(1) 联系精液板式岗位，送种分母液至锥底原液槽。

(2) 待锥底原液槽出溢流后，启动氢氧化铝浆液泵，将底流向分解种子过滤溢流槽输送。

(3) 待两台平底原液槽液位达 10m 以上时，启动原液泵向蒸发器进料，Ⅵ效、Ⅴ效各50%流量。

(4) 通知循环水泵岗位启动水泵送水，打开循环上水阀门，检查水压、流量是否正常。

（5）现场确认，远程启动真空泵。

（6）逐步提高原液泵转速加大进料量；调整Ⅵ效、Ⅴ效原液进料阀开度，当Ⅵ效、Ⅴ效原液进料量符合设定要求时转为自动控制。

（7）待Ⅵ效、Ⅴ效有液面后进行现场确认，远程启动循环泵、过料泵，并调整过料泵转速，使液位稳定在设定值后转为自动控制；然后依次启动Ⅳ、Ⅲ、Ⅱ效循环泵、过料泵及Ⅰ效循环泵。

（8）打开Ⅰ效出料阀向闪蒸器进料，同时调整阀门开度，使Ⅰ效液位稳定在设定值后转为自动控制；待闪蒸器有液面后，现场确认，远程启动四闪出料泵往原液槽循环，并调整转速，使四闪液位稳定在设定值后转为自动控制。

（9）进、出料正常后联系调度中心，允许开车后缓慢打开新蒸汽阀门。要求缓缓打开新蒸汽主控制阀，缓慢提蒸汽量，幅度为 15t/h 左右，或按压力冬季以 0.05、0.15、0.20、0.30、0.40、0.50MPa，其他季节以 0.05、0.15、0.30、0.40、0.50MPa 进行，每半小时提压一次。

（10）待Ⅰ、Ⅱ、Ⅲ效加热室有压力后，关闭各效冷凝水排污阀门。冷凝水罐有水后进行现场确认，远程启动冷凝水泵，将Ⅰ效冷凝水送至板式热交换器与部分Ⅵ效冷凝水进行换热，经降温的Ⅰ效冷凝水送至赤泥洗水槽，经提温的部分Ⅵ效冷凝水返回Ⅲ效冷凝水罐。另外一部分Ⅵ效冷凝水送至赤泥洗水槽，并将各冷凝水罐排水阀转为自动控制，调节各水罐水位，保持排水稳定。

（11）各效不凝结气阀门保持适当开度。

（12）调节新蒸汽电动调节阀及循环上水电动调节阀，稳定新蒸汽及循环上水流量，以稳定蒸发器使用气压及真空。

（13）现场确认并调节各效液位，使液位稳定在设定值。

（14）在原液循环时，逐步提高进料量，待四闪出料密度合格或浓度合格后，将四闪出料改往蒸发母液槽（或循环母液调配槽）。稳定蒸发器进、出料量，保持出料浓度合格稳定。

（15）保持蒸发器稳定运转，待冷凝水碱度合格后，将Ⅰ效冷凝水流程改至锅炉房，将Ⅵ效冷凝水流程改至好冷凝水槽。

（16）联系调度中心将好冷凝水槽、赤泥洗水槽内水分别向锅炉房、平盘热水槽、沉降热水站输送。

（17）启动三闪出料泵向强制效进料。

（18）强制效液位到第1目镜时，启动强制循环泵。

（19）打开强制效二次蒸汽阀门，向Ⅳ效分离室排放强制效二次蒸汽。

（20）缓慢打开强制效加热蒸汽阀门，总通汽量按 5、15、30t/h 进行，或按压力 0.05、0.10、0.20MPa 进行，每半小时提汽一次。

（21）强制效通汽过程注意监控冷凝水碱度。

调节强制效进汽电动调节阀及强制效二次汽电动调节阀，稳定加热室压力及分离室真空，保证强制效的蒸发量及出料的正常温度。

（22）待强制效加热室开始排水，关闭冷凝水排污阀门，将冷凝水罐排水阀转为自动控制，调节水位。不凝结气阀门保持适当开度。

（23）强制效出料密度合格或浓度合格后，出料至盐沉降槽。

（24）待盐沉降槽内物料盖过耙机后启动耙机。

（25）启动盐沉降槽底流泵，打循环。

（26）盐沉降槽有溢流后，待溢流槽达到一定液位，开泵往强碱液槽送料。待强碱液槽达到一定液位后，启动强碱液泵向循环母液调配槽或分解化学清理槽送料。

（27）启动盐沉降槽种子泵，往强制效加入晶种。

（28）启动石灰乳槽搅拌，联系调度中心安排送石灰乳。

（29）观察底流情况，根据底流密度，启动底流槽搅拌，将底流泵出料流程改进底流槽。

（30）启动盐溶解槽搅拌及相关设备，向盐立盘过滤机送热水。

（31）启动真空泵和空气压缩机，启动盐过滤机给料泵，安排排盐过滤机开车。

（32）启动盐浆循环泵进行闪蒸，乏汽送蒸发站。

（33）启动苛化槽搅拌及附属设备。启动苏打溶液泵往苛化槽送料，并启动石灰乳泵加石灰乳，通蒸汽加热进行苛化。

（34）苛化结束后，启动苛化泥沉降槽耙机及附属设备。启动苛化出料泵向苛化泥沉降槽出料。

（35）启动苛化泥底流泵，打循环。

（36）苛化泥沉降槽有溢流后，待苛化溢流槽有一定液位，启动苛化液出料泵向循环母液调配槽送料。

（37）观察底流情况，根据底流密度，启动苛化泥槽搅拌，将苛化泥底流泵出料流程改进苛化泥槽。

（38）联系调度中心安排向赤泥沉降区送苛化泥，得到确认后启动苛化泥出料泵送料。

（39）循环母液调配应根据进入循环母液调配槽各种物料成分及流量适时进行调配。

（40）根据调度中心指令和生产需要，向相关岗位输送合格的循环母液及强碱液。

C　系统停车

（1）确认区域内各槽液量情况及上下游岗位液量情况，根据生产指令安排停车。

（2）联系调度中心、锅炉房，允许压汽后开始停车。

（3）将蒸发器冷凝水改至赤泥洗水槽。

（4）缓慢将蒸汽减少，然后彻底压汽。缓慢降低原液进料量。以上两个步骤交替进行，每次调整需待上次调整平稳后方可进行。

（5）现场确认，远程停真空泵，停循环水泵，关闭循环上水阀门。

（6）将四闪出料泵出料改至原液槽循环，检查放料系统，待各效浓度、温度降低后现场确认，远程停原液泵，关闭原液进料阀门；将各效过料泵转为手动控制，使各效料向前一效撤空后现场确认，远程停过料泵、循环泵，打开各效放料阀门将料放空；Ⅰ效料自压至闪蒸器后打开放料阀门将料放空。

（7）停止向强制效添加种子，种子泵管道过水后停泵放料。

（8）强制效浓度、温度降低后停三闪出料泵，待强制效内物料撤空后，强制效出料管道过水。

（9）停强制效出料泵，打开强制效放料阀门将料放空。

（10）待各闪蒸器料放空后现场确认，远程停四闪出料泵，打开放料阀（及闪蒸器连通管放料阀）将料放空。

（11）各冷凝水罐排空后，现场确认，远程停冷凝水泵。

（12）根据过滤机情况，加大盐沉降槽底流泵的出料，直至过滤机无滤饼时，关闭盐沉降槽底流出料阀门，用水刷底流泵管道后，停泵放料。盐过滤机给料泵、盐浆循环泵刷管后停泵放料。

（13）停真空泵、空压机。

（14）过滤机放料，水洗后停车放水。

（15）停送热水，盐溶解槽拉空后停苏打溶液泵。

（16）联系调度中心停送石灰乳。停石灰乳泵，放料。

（17）将苛化槽依次拉空。

（18）将苛化泥沉降槽底流适当拉大，直至拉空后停沉降槽耙机，底流泵过水后停泵放料。苛化泥底流槽拉空后停搅拌，苛化泥出料泵过水后停泵放料。

（19）将强碱槽拉空放料。

（20）停止调配，停下所有向调配槽进料的各泵。

（21）根据循环母液槽槽存及生产指令，停止向相关岗位输送循环母液。

（22）根据水槽槽存及生产指令，停止向相关岗位输送冷凝水。

（23）所有泵浦停泵均应放料，并关闭设备用水。

（24）所有槽罐、管道放空将污水槽打空停下。

8.3.5.2 正常作业

（1）联系调度保持新蒸汽压力 0.50~0.55MPa。

（2）保持蒸发器各效液面在正常控制范围内。

（3）稳定蒸汽流量，稳定真空，确保蒸发系统真空度为 $-0.088MPa$，使三闪、四闪出料浓度符合技术要求。

（4）稳定蒸发器进料量，联系原液供应和母液外送，平衡各贮槽液量。

（5）注意各效液位、设备运行情况以及各技术参数调整，做好记录。

（6）及时向化验室要分析结果进行适当调整，以保证各项指标控制在正常范围内。

（7）认真分析计算机报警原因并及时加以处理。

（8）控制回水含碱量 NT 在要求范围内。

（9）认真观察分析各仪表显示是否准确，并及时联系计控人员处理。

8.3.5.3 巡检作业标准及路线

A 巡检作业标准

（1）严格执行设备点巡检及润滑标准。

（2）各种仪表齐全完好。

（3）设备启动投入运行，无杂音。

（4）管道畅通，阀门、考克开关位置正确。

（5）各种法兰、人孔、目镜等连接螺栓齐全紧固，密封无泄漏。

（6）泵的轴承温升、密封水压力流量、润滑油质油量正常。皮带或联轴器及各部位的连接螺栓紧固。

（7）蒸发器的压力、液位等参数正常，各阀门的开度合理。

（8）真空泵、空压机等皮带传动的设备，在设备启动、运行、停车等过程要检查皮带的松紧、磨损情况。出现问题要及时联系相关部门处理。

（9）每小时巡检一次；岗位记录要求及时、准确、清晰、真实、完整。

B　巡检路线

操作室→一楼→一系列各效泵浦及管道→二系列各效泵浦及管道→二楼→一系列蒸发器、闪蒸器→二系列蒸发器、闪蒸器→三楼→一系列蒸发器、闪蒸器→二系列蒸发器、闪蒸器→四楼→一系列蒸发器→二系列蒸发器→五楼→一系列蒸发器顶→二系列蒸发器顶→操作室。

8.3.6　排盐苛化作业标准

8.3.6.1　系统开停车

A　开车准备

（1）检查安全设施是否齐全完好。

（2）接主操开车通知后，检查流程是否正确、畅通，确认各放料阀关闭、设备仪表及控制回路完好，并通知相关岗位做好开车准备并回复。

（3）联系电工检查电气设备绝缘。

（4）检查仪表是否正常，给各种泵加入密封水，并保证冷却水压力。

（5）检查各种泵润滑油的油质及油位。

（6）蒸汽管通汽暖管。

（7）将现场所有设备的控制开关转到"远程"位置。

B　开车步骤

（1）强制效出料进入盐沉降槽，当进料后（盖过耙机时）启动耙机。

（2）启动盐沉降槽底流泵，打循环。

（3）盐沉降槽有溢流后，待溢流槽达到一定液位，开泵往强碱液槽送料。待强碱液槽达到一定液位后，启动强碱液泵向循环母液调配槽或分解化学清理槽送料。

（4）启动盐沉降槽种子泵，往强制效加入晶种。

（5）启动石灰乳槽搅拌，联系调度中心安排送石灰乳。

（6）观察底流情况，根据底流密度，启动底流槽搅拌，将底流泵出料流程改进底流槽。

（7）启动盐溶解槽搅拌及相关设备，向盐立盘过滤机送热水。

（8）启动真空泵和空气压缩机，启动盐过滤机给料泵，安排排盐过滤机开车。

（9）启动盐浆循环泵进行闪蒸，乏汽送蒸发站。

（10）启动苛化槽搅拌及附属设备。启动苏打溶液泵往苛化槽送料，并启动石灰乳泵加石灰乳，通蒸汽加热进行苛化。

（11）苛化结束后，启动苛化泥沉降槽耙机及附属设备。启动苛化出料泵向苛化泥沉降槽出料。

（12）启动苛化泥沉降槽底流泵，打循环。

（13）苛化泥沉降槽有溢流后，待苛化溢流槽有一定液位，启动苛化液出料泵向循环母液调配槽送料。

（14）观察底流情况，根据底流密度，启动苛化泥槽搅拌，将苛化泥底流泵出料流程改进苛化泥槽。

（15）联系调度中心安排向赤泥沉降区送苛化泥，得到确认后启动苛化泥出料泵送料。

C 停车步骤

（1）接到停车指令后，联系蒸发站停止向沉降槽进料，种子泵用水刷管后停泵放料。

（2）根据过滤机情况，加大盐沉降槽底流泵的出料，直至过滤机无滤饼时，关闭盐沉降槽底流出料阀门，用水刷底流泵管道后，停泵放料。盐过滤机给料泵、盐浆循环泵刷管后停泵放料。

（3）停真空泵、空压机。

（4）过滤机放料，水洗后停车放料。

（5）停送热水，盐溶解槽拉空后停苏打溶液泵。

（6）联系调度中心停送石灰乳。停石灰乳泵，放料。

（7）将苛化槽依次拉空，放料。

（8）将苛化泥沉降槽底流适当拉大，直至拉空后停沉降槽耙机，底流泵过水后停泵放料。

（9）苛化泥底流槽拉空后停搅拌，苛化泥出料泵过水后停泵放料。

（10）将强碱槽拉空放料。

（11）各泵停后均应放料。

8.3.6.2 正常作业

（1）每小时巡检一次，检查相关泵浦设备、仪表是否运行正常，槽存液位、物料流量是否在控制范围内。

（2）排盐岗位每两小时做一次记录。

（3）重点观察沉降槽的运行情况，注意弹簧压缩及电动机电流，视情况及时安排底流放料或提升耙机。

（4）需经常了解种子泵的运行情况，根据主控室的指令及时调整种子量。

（5）观察沉降槽的进料情况，避免溢流跑浑。

（6）认真检查各搅拌的运行情况，发现问题及时汇报主控室并积极处理。

（7）稳定排盐过滤机的液位，检查滤布有无破损、发硬等情况。

8.3.6.3 巡检作业标准及路线

A 巡检作业标准

（1）严格执行设备点巡检及润滑标准。

（2）各种仪表齐全完好。

（3）设备启动投入运行，无杂音。

（4）管道畅通，阀门、考克开关位置正确。

（5）各种法兰、人孔、目镜等连接螺栓齐全紧固，密封无泄漏。

（6）泵的轴承温升、密封水压力流量、润滑油质油量正常。皮带或联轴器及各部位的连接螺栓紧固。

（7）蒸发器的压力、液位等参数正常，各阀门的开度合理。

（8）真空泵、空压机等皮带传动的设备，在设备启动、运行、停车等过程要检查皮带的松紧、磨损情况。出现问题要及时联系相关部门处理。

（9）每小时巡检一次；岗位记录要求及时、准确、清晰、真实、完整。

B　巡检路线

操作室→真空泵、空压机→盐溶解槽→苛化槽→盐沉降槽→苛化泥沉降槽→强碱槽→排盐过滤机→操作室。

8.3.7　氢氧化铝煅烧作业

8.3.7.1　系统开停车

A　开车前的准备工作

（1）联系调度确保燃气正常供应，压力流量符合要求。

（2）检查确认 $Al(OH)_3$ 小仓有 40% 左右的氢氧化铝。

（3）检查所有设备的润滑是否符合要求，并确认所有的设备是否具备开车条件。

（4）用链球检查各旋风筒下料管是否畅通，对不畅通下料管进行清理。

（5）检查所有的煤气管道、阀门是否泄漏，所有的检查孔、人孔门、清理孔是否关闭，无漏风现象。

（6）检查所有的自控系统、仪器、仪表及计量装置是否都经过校验。

（7）所有的电器设备绝缘良好。

（8）检查所有用水点供水是否正常。

（9）检查确认轻油站系统是否具备供油条件，管路是否畅通。

（10）ID 风机百叶风门处于关闭状态。

（11）从计算机上再次确认现场检查各项具备启动条件。

（12）将确认结果进行记录。

B　开车步骤

（1）系统冷启动开车。

焙烧炉经过较长时间停车，炉内温度与外界温度大致相同，此种情况下的炉子启动为冷启动，启动步骤如下：

1）检查百叶风门确实被完全关闭后，以最低转速 10% 启动 ID 风机。

2）经调度室同意后，运行启动燃烧器 T12。

3）启动燃烧器引燃后，开始按照预热升温曲线进行升温。升温以 C02T1 为基准，升温速率为 50℃/h。

4）C02T1 温度升高至 550℃ 时，启动辅助燃烧器 V08，按照升温曲线将 P04T2 升至

600℃以上。

5）当 P04T1 温度大于 400℃时，启动主燃烧器，点燃一只烧嘴，此时改为以 P04T1 为升温基准，升温速率为 50℃/h。

6）监视 P02T3，使其温度在整个升温过程中始终低于 375℃，通过调节冷风系统控制其温度，必要时可启动喷水系统进行降温。

7）按照升温曲线将 P04T1 升高至 900℃，至此预热工作完成，开始带料烘炉逐步正常下料。

8）启动流化床的流化风机（罗茨风机），检查流化床冷却器风压在 0.01~0.02MPa（0.1~0.2bar）之间，风量在 30m³/h 左右。

9）联系焙烧循环水给流化床供水，并检查每台流化床水量达到 80m³/h 左右。

10）启动氧化铝输送系统。

11）将百叶风门全部打开后，逐步增加 ID 风机的转速，使 P01P1 提高到下料时的压力水平(3~4)×10⁻³MPa(30~40mbar)。

12）启动喂料系统，通过申克皮带秤控制下料量。带料烘炉下料量为正常下料量的 30%，约 25~30t/h。

13）增加主燃烧器的投入，直到所有的烧嘴全部点燃。在点燃烧嘴时应该注意逐步关闭放散阀，以保持煤气压力在 25×10⁻³MPa（250mbar）以上，并逐步对应开启烧嘴（如：1 号-7 号、2 号-8 号、3 号-9 号等）。

14）逐步提高焙烧炉的进风量，增加氢氧化铝下料量，控制 P04T1 稳定升至 1080℃左右，下料量达到 80~100t/h。

15）在整个过程中，必须密切关注 CO、O₂ 含量，在未达到正常下料量前 O₂ 含量保持在 6%~10%，生产正常后将 O₂ 含量控制在 2%~5%。

16）当 CO、O₂ 含量稳定后启动返灰系统及电收尘，至此整个升温下料过程完成。

（2）系统热启动开车。

某种原因造成焙烧炉临时停车，炉内温度仍较高，其升温不一定遵循升温曲线，温度可根据生产需要较大幅度提高，在较短的时间内恢复生产称为热启动。启动步骤如下：

1）启动排风机（如风机已停）。

2）如 P04T3 温度低于 400℃，应首先联系调度室做 T12 防爆试验，合格后启动 T12，使 CO₂ 的温度以 100℃/h 的速度提高。

3）提前联系煤气供应方做 V08 煤气防爆试验，合格后准备启动 V08。

4）启动 V08 后，联系供气方准备启动 V19。如果启动失败，炉子空气净化 10~15min，适当提高系统负压，同时观察 CO、O₂ 含量，再次启动 V19。

5）启动 V19（先开 1 支烧嘴），P04 的升温速度控制在 100℃/h，当主炉温度升至 900℃即可进行投料。

6）投料前应启动氧化铝输送系统。

7）检查流化风是否已达到正常值，风压是否达到要求。

8）启动沸腾流化床冷却系统。

9）缓慢打开排风机风门，以适当的速度提高排风机的转速。

10）开始供料（应提前联系氢氧化铝皮带供料），启动给料螺旋及申克皮带秤，以

30%的下料量进行投料。

11）密切监视废气中 CO 含量及 O_2 含量，调节排风机风量，以使 CO 含量为 0%、O_2 含量保持在 4%~20%并及时提高风量。

12）根据情况及时调整煤气量和排风量（风机调速），逐步提高下料量，当主炉温度稳定后即可停 T12。

13）稳定地提高 V19 煤气量、排风量及下料量使炉温稳定在正常水平，下料正常后，观察废气中 CO、O_2 含量，如达到正常要求，即可启动电收尘及返灰系统。

14）以上投料步骤进行完毕，生产恢复正常，认真做好记录，并向调度室汇报。

C　停车步骤

（1）计划停车。

1）接到停车指令后停止 AH 供料系统向焙烧炉供料，拉低小料仓的料位。

2）联系调度减小煤气供应量，减小 V19 燃气量、减小下料量，防止 P04T1 高报，同时注意煤气压力高报或低报。高报时可打开煤气管道放散进行调整，逐步关闭 V19 烧嘴。

3）停止 T11（如果运行的话），关闭附属风机。

4）等小料仓拉空后，停止 V19，停 V08，停电收尘，关闭煤气手动阀。

5）将 ID 风机速度减到最低速度 10%。

6）排空料封泵内物料后关闭返灰系统。

7）关闭 ID 风机风门，停 ID 风机，让炉体自然冷却。

8）待流化床内物料排尽后，关闭流化风机。

9）当冷却器出水温度比进水温度高 5℃ 左右时，可以停止冷却水供应。

10）待氧化铝输送系统内的物料排空后，停氧化铝输送系统。

11）停止焙烧炉的一切运行设备，做好记录并汇报调度。

（2）紧急停车。

1）汇报调度紧急停车，停 V19，关闭手动蝶阀，若煤气管道压力升高可打开管道放散阀。

2）停喂料系统，同时停止往小料仓 L01 供料。

3）停电收尘及返灰系统。

4）将 ID 风机速度减至最低 1%，风门关闭后停止风机，待事故处理完毕后，按热启动步骤恢复生产。

8.3.7.2　焙烧巡检路线

排风机→流化床冷却机→罗茨风机→粉尘返回系统→电收尘振打→T11→C04→C03→申克皮带秤→AH 料仓→喂料输送系统→T12→C02→C01→V19→V08→文丘里干燥器上部伸缩节→P03→P04→P02→P01。

8.4　实训注意事项

（1）本实训为生产性实训，实训过程中应严格遵守岗位的安全规程、设备规程、技术规程，严禁违章操作。

（2）本实训为连续生产，应严格遵守交接班的有关规定，认真填写相关记录。

8.5 实训报告要求

(1) 氧化铝制取分为哪几个步骤？

(2) 氧化铝制取各步骤系统开停车操作要点有哪些？

(3) 氧化铝制取各步骤系统正常作业操作要点有哪些？

参 考 文 献

［1］陈利生．湿法冶金——电解技术［M］．北京：冶金工业出版社，2011.

［2］雷霆．锌冶金［M］．北京：冶金工业出版社，2013.

［3］浙江中控科教仪器设备有限公司．化工专业技能操作实训装置操作规程．

冶金工业出版社部分图书推荐

书　名	作　者	定价(元)
材料成形工艺学	宋仁伯	69.00
材料分析原理与应用	多树旺　谢东柏	69.00
材料加工冶金传输原理	宋仁伯	52.00
粉末冶金工艺及材料（第2版）	陈文革　王发展	55.00
复合材料（第2版）	尹洪峰　魏　剑	49.00
废旧锂离子电池再生利用新技术	董　鹏　孟　奇　张英杰	89.00
高温熔融金属遇水爆炸	王昌建　李满厚　沈致和　等	96.00
工程材料（第2版）	朱　敏	49.00
光学金相显微技术	葛利玲	35.00
金属功能材料	王新林	189.00
金属固态相变教程（第3版）	刘宗昌　计云萍　任慧平	39.00
金属热处理原理及工艺	刘宗昌　冯佃臣　李　涛	42.00
金属塑性成形理论（第2版）	徐　春　阳　辉　张　弛	49.00
金属学原理（第2版）	余永宁	160.00
金属压力加工原理（第2版）	魏立群	48.00
金属液态成形工艺设计	辛啟斌	36.00
耐火材料学（第2版）	李　楠　顾华志　赵惠忠	65.00
耐火材料与燃料燃烧（第2版）	陈　敏　王　楠　徐　磊	49.00
钛粉末近净成形技术	路　新	96.00
无机非金属材料科学基础（第2版）	马爱琼	64.00
先进碳基材料	邹建新　丁义超	69.00
现代冶金试验研究方法	杨少华	36.00
冶金电化学	翟玉春	47.00
冶金动力学	翟玉春	36.00
冶金工艺工程设计（第3版）	袁熙志　张国权	55.00
冶金热力学	翟玉春	55.00
冶金物理化学实验研究方法	厉　英	48.00
冶金与材料热力学（第2版）	李文超　李　钒	70.00
增材制造与航空应用	张嘉振	89.00
安全学原理（第2版）	金龙哲	35.00
锂离子电池高电压三元正极材料的合成与改性	王　丁	72.00